杭州西湖治理史研究

郑 瑾 著

ZHEJIANG UNIVERSITY PRESS
浙江大学出版社

图书在版编目（CIP）数据

杭州西湖治理史研究 / 郑瑾著. —杭州：浙江大学出版社，2010.9
ISBN 978-7-308-07983-9

Ⅰ. ①杭… Ⅱ. ①郑… Ⅲ. ①西湖—治理—水利史—研究 Ⅳ. ①TV876

中国版本图书馆 CIP 数据核字（2010）第 188121 号

杭州西湖治理史研究

郑　瑾 著

责任编辑　张作梅　zhangzmei@sina.com
封面设计　张作梅
出版发行　浙江大学出版社
（杭州市天目山路 148 号　邮政编码 310007）
（网址：http://www.zjupress.com）
排　　版　杭州好友排版工作室
印　　刷　杭州杭新印务有限公司
开　　本　710mm×1000mm　1/16
印　　张　12
字　　数　190 千
版 印 次　2010 年 10 月第 1 版　2010 年 10 月第 1 次印刷
书　　号　ISBN 978-7-308-07983-9
定　　价　25.00 元

浙江大学出版社发行部邮购电话(0571)88925591

浙江省社会科学界联合会研究课题成果

杭州西湖治理史研究

“水光潋滟晴方好，山色空蒙雨亦奇。欲把西湖比西子，淡妆浓抹总相宜。”苏轼的一首《饮湖上初晴后雨》，写尽杭州西湖的山水风光之美，成为吟咏杭州西湖的千古绝唱。

杭州西湖自古名扬海内外。“天下西湖三十六，就中最胜是杭州”，她以其独特的自然景观和悠久的人文历史，取得了诸多西湖中“最胜”的桂冠。是啊，古往今来，西湖的秀丽景色，不知曾倾倒了多少游人墨客，留下了众多脍炙人口的绝妙佳句，“水鹭双飞起，风荷一向翻”（白居易《孤山寺遇雨》）、“水天相映淡溶溶，隔水青天无数重。白鸟背人秋自远，苍烟和树晚来浓”（林逋《西湖》）、“毕竟西湖六月中，风光不与四时同。接天莲叶无穷碧，映日荷花别样红”（杨万里《晓出净慈寺送林子方》）。这些赞美西湖的诗句，使人不禁对西湖的美景浮想联翩……世易时移，曾经创作这些诗句的作者都已纷纷隐入历史的深处，而只有他们所倾力赞叹的西湖，仍和这些佳句一起，经历一代又一代，历经沧桑，一次又一次地不断焕发出新的光彩。

目录 CONTENTS

第一章　西湖概述

杭州西湖，位于浙江省杭州市老城区的西部，因此而得“西湖”之名。自古以来，西湖就以秀丽的湖光山色和众多的名胜古迹闻名中外。它北、西、南三面环山，东面临城，中涵碧水，湖面碧波荡漾，船影点点；湖中三岛点缀，绿意盈盈；三堤横卧湖中，花红柳绿；远处云山逶迤，雾霭漫漫。它既揽山水之胜，林壑之美，又是人文荟萃之所，将人文历史与自然美景有机地融为一体，成为一个拥有悠久历史文化内涵的著名风景湖泊。

如今，以西湖为中心的西湖景区，是中国首批国家重点风景名胜区和中国十大风景名胜之一，不仅是我国著名的旅游胜地，被誉为人间天堂，而且还驰名海外，成为闻名中外的国际性花园。而浙江省会杭州之所以成为一个著名的风景旅游名胜城市，就是因为有西湖及其附近群山的美景。因此西湖依杭州而得名，而杭州也因西湖而兴盛，如果没有西湖，杭州也只是一个普通的省会城市而已。

一、西湖名字的由来

关于西湖的名字，清代雍正朝浙江巡抚李卫和傅王露主修的《西湖志》开篇有这样一段记载：“西湖古称明圣湖。汉时有金牛见湖，人言明圣之瑞，因名。又以其在钱塘，故称钱塘湖。又以其输委于下湖，故称上湖。其地负会城之西，故通称西湖。”[①]可见自古以来，西湖曾有过很

① 清雍正朝《西湖志》卷一《水利一》。

多名字。

今天的杭州地区，最早在秦代时开始设置钱唐县。西湖位于钱唐县境内，因此可能据县名而得名，称为“钱唐湖”。在秦代时，西湖还与钱塘江相通，所以也有人认为“钱唐湖”的名字是由钱塘江之名而来的。到汉代时，东汉班固《汉书》卷二八《地理志第八上》有记载：“钱唐，西部都尉治。武林山，武林水所出，东入海，行八百三十里……”一般认为，这里所谓的“武林山”应该就是今天灵隐、天竺一带群山的总称，而发源于这一带群山上的溪水，逐渐汇合为金沙涧，向东流注入西湖，成为西湖最大的天然水源。因此“武林水”指的应该就是西湖，它是最早见于文献记载的西湖名称。

其后，西湖还有“明圣湖”和“金牛湖”的古称。北魏郦道元《水经注》卷四〇《渐江水》中有这样的记载：“县南江侧，有明圣湖。父老传言，湖有金牛，古见之，神化不测，湖取名焉。”因为传说湖中有金牛出没，所以得名“金牛湖”。当时又有人说湖中有金牛出现是天子圣明的瑞祥，因此又称之为“明圣湖”。

除此之外，西湖还有“钱水”、“钱源”、“西陵湖”、“西泠湖”、“石函湖”、“上湖”、“放生池”、“潋滟湖”、“西子湖”、“明月湖”、“美人湖”、“龙川”、“贤者湖”、“销金锅”、“高士湖”等诸多名称，每个别名，各有来历。“钱水”、“钱源”其实是西湖主要补充水源之金沙涧上游的名称，后来引而为之就成为西湖的别名了。南朝时候，古乐府中有一首著名的《西陵苏小小词》，词曰“妾乘油壁车，郎跨青骢马。何处结同心，西陵松柏下”，因为苏小小是钱塘名妓，有人认为此处的“西陵松柏下”，指的就是“钱塘西湖”，而西陵一作“西泠”，因此西湖便有了“西泠湖”的别名。至于“石函”二字，本出于唐朝李泌所建的用以蓄泄湖水的石函闸，随着石函闸的建成，西湖便有了“石函湖”的名称。白居易任杭州刺史后，开始有史记载的第一次大规模人工浚湖，并在钱塘门外筑起一道长堤，把当时的钱塘湖分为上、下两部分，其中的“上湖”即为今天的西湖。而“放生池”之名，则得自于北宋天禧年间，当时的杭州郡守王钦若奏准以西湖为放生池，以为天子祈福，自此以后，西湖在各代都有用作放生池的，而同时她便有了“放生池”的别称。至于“潋滟湖”，显然就是由苏轼的

《饮湖上初晴后雨》中诗句而来。又因为诗中的后两句"欲把西湖比西子,淡妆浓抹总相宜",由此,西湖便有了"西子湖"的美名。而以苏轼的这首诗为滥觞,后代明人写诗有把西湖比作明月的,清人也有写下"西湖原是美人湖"的,"明月湖"、"美人湖"的别名就由此而来。此外,南宋时期的著名学者楼钥在论及当时的贤人倪思时,认为西湖似贤者,称之为"贤者湖"。南宋时期,位于京城的西湖出现了一派繁华艳丽景象,偏安江南的统治者不思恢复故土,却沉湎于湖光山色、奢靡享乐之中,一掷万金,花天酒地。因此到元朝时,上饶人熊进德游览西湖后就写了一首《西湖竹枝词》,词云:"销金锅边玛瑙坡,争似侬家春最多。蝴蝶满园飞不去,好花红到剪春罗。"以"销金"二字讥讽南宋朝廷偏安临安,游冶侈靡,不思图进的行状,致使西湖蒙尘,背了"销金锅"之名。不过后来也有人为之辩解说,西湖虽然日销寸金,然而鱼蒲之利,所生日亦寸金,也足以相抵了。[①] 至于"高士湖"的雅称,则来自于明朝高士孙一元,他曾隐居于西湖边的净慈寺,西湖因他而有了高士湖之名。

虽然西湖有如上众多的别名,但是只有两个名称为历代所普遍公认,并见诸于文献记载:一是因杭州古名钱唐(塘),湖称钱唐(塘)湖;一是因湖在杭城之西,故名西湖。

"西湖"之名,大概始自于隋代。秦代始设的钱唐县,县治在武林,即今天的灵隐山附近。县在山中,位处钱唐湖之西。至隋开皇九年(589),隋文帝杨坚平陈,改钱唐郡为杭州,初治余杭县(今杭州市余杭区余杭镇);次年即移治钱唐县(今宝石山东南);开皇十一年,又将县治移到钱唐县柳浦西(今杭州江干一带),并依凤凰山筑城,是为最早的杭州城。[②] 这样,州治就由原先的钱唐湖之西迁建到湖的东面,而原先在城东的钱唐湖,现在相应地就位于城西了。湖在城市的西面,故名西湖,这和全国其他地方同名西湖者是一样的。因此,"西湖"就是城市西

---

① 田汝成《西湖游览志余》卷二四《委巷丛谈》:"湖中物产殷富,听民间自取之,故捕鱼搅草之艇,扰扰烟水间,夜火彻旦。滨湖多植莲藕、菱芰、茭芡之蜀,或蓄鱼鲜,日供城市。谚云:'西湖日销寸金,日生寸金',盖谓此也。"

② 《旧唐书》卷四〇《地理志三·江南东道》下云:"钱塘汉县,属会稽郡。隋于余杭县置杭州,又自余杭移州理钱塘。又移州于柳浦西,今州城是。"

面的湖。

至迟在唐代，“西湖”这个称呼已经被频繁地使用了。在白居易的诗文中，就经常使用“西湖”一词，如其诗题有《西湖晚归回望孤山寺赠诸客》、《西湖别》等等。但是西湖虽然因白居易的筑堤而改变了湖性，而白居易在正式公文中，仍称此湖为钱塘湖。因此可以肯定，“当西湖这个名称流行之时，西湖早已是一个人工湖泊了”。[①] 北宋以后，名家诗文大多以“西湖”为名，钱塘湖之名遂逐渐鲜为人知。而苏轼的《乞开杭州西湖状》，则是官方文件中第一次使用“西湖”这个名称。

二、西湖的地理和水文

西湖位于浙江省杭州市老城区的西部，地处太平洋西岸、长江三角洲的南翼、钱塘江下游北岸、杭州湾西端，地理坐标为北纬 30°16′，东经 120°12′；属于亚热带北缘季风气候区，四季分明，随着季节的推移，气温和气压的变化非常大，夏季由于受到东南季候风的影响，高温多雨，光照充足，冬季则比较寒冷；年平均气温 16.2℃，年平均降雨量 1435 毫米，平均相对湿度为 76%。

西湖东靠杭州市区，其余三面环山，全湖的形态为近于等轴的多边形，南北长约 3.2 公里，东西宽约 2.8 公里，湖岸周长 15 公里。[②] 伴随着前几年的“西湖西进”，面积由 5.68 平方公里扩大为 6.5 平方公里，除去湖中岛屿和三堤，湖面面积为 6.38 平方公里。整个湖面被孤山及苏堤、白堤、杨公堤分隔，分割为 5 个子湖区，按面积大小分别为外西湖、西里湖(又称“后西湖”或“后湖”)、北里湖(又称“里西湖”)、小南湖(又称“南湖”)和岳湖，子湖区间由堤上的桥孔连通。孤山是西湖中最大的天然岛屿，苏堤、白堤和杨公堤越过湖面，小瀛洲、湖心亭、阮公墩三个人工小岛鼎立于外西湖湖心，由此形成了主体湖面“一山、三堤、三

---

① 陈桥驿：《历史时期西湖的发展和变迁——关于西湖是人工湖及其何以众废独存的讨论》，《中原地理研究》1985 年第 2 期。

② 《杭州市志》第 2 卷《风景名胜篇》第 1 章“西湖概况”，中华书局 1997 年版。

岛、五湖”的基本格局。[①]

在1949年新中国成立以前，西湖的平均水深约为0.72米，即使最深的湖心亭附近也不到1米。经过新中国成立后的多次挖浚，在2000年前后时，平均水深达到1.5米左右。[②] 经过21世纪初开始的西湖综合治理以后，现在的平均水深为2.27米，其中最大深度达6.52米，而最浅处仍不到1米，水体容量约为1429万立方米，水的自然交替为1次/年。湖水的年平均水温为17.6℃，最高是10月份，为28.6℃；最低是3月份，为4.0℃。湖水基本不结冰，但在1976年至1977年冬季和2007年至2008年冬季时期，曾有深层结冰。

西湖流域面积约27.25平方公里，流域内年径流量为1400万立方米。水的补给主要依靠金沙涧、龙泓涧、赤山涧、长桥溪等几条不长的自然溪流。

金沙涧是注入西湖中最大的一条溪涧，长约6公里，古时称钱源，又名金沙港，因为涧中的沙色纯净、呈金黄色而得名。金沙涧在不同的溪段有不同的名称，在浅坡处也称为金沙滩，在入湖口溪涧逐渐变得深广起来，就叫做金沙港。金沙涧汇合了灵隐、天竺一带的大小溪水，其上游称灵隐山北涧、南涧，中游称灵隐浦，下游从洪春桥以下入湖段称金沙港，在曲院处汇入西湖。南宋赵彦卫《云麓漫钞》记载：“（灵隐）寺之东西瀵二水，东龙源，横过寺前，即龙溪也，冷泉亭在其上。西曰钱源，其流洪大，下山二里八十步过横坑桥，入于钱湖，盖钱源之聚滀也。”此处的“龙源”、“钱源”等山涧应该就是汇合为金沙涧的支流。金沙涧从曲院汇入西湖后，大部分径流补给先进入西侧的三个子湖区，再进入外西湖。

龙泓涧又称玉钩涧，传说元代著名文人张雨曾在此卖白玉钩，故有此别名。涧源出风篁岭龙井，自茅家埠经卧龙桥注入西湖，全长约3.2

① 杭州市地方志编撰委员会：《西湖大规模疏浚工程完成》，《杭州年鉴2004》。

② 《杭州市志》第2卷《风景名胜篇》第1章“西湖概况”，作“平均水深1.55米”；丁永良等《杭州市西湖干湖疏浚及污泥利用》，（《渔业现代化》1998年第6期）作“污泥层厚超过1米，平均水深1.56米”；杭州市西湖水域管理处许猛《西湖船舶与环境保护》（《浙江交通科技》2000年第2期）一文中作“平均水深在1.5米左右”。

公里。沿途汇入有两大溪涧:一是金沙泉涧,二是胭脂泉涧。根据记载,原先龙泓涧特别是近湖一带,水既深且广,可以通舟。

赤山涧又称惠因涧,有南、北两源,南源出钱粮司岭,北源出大兔儿山,经筲箕湾西合玉岑山阴支涧,东流过回龙桥,与南源来水汇合于赤山埠,再东行与花港相接,全长约1.2公里。

长桥溪,全长约1.5公里,又称长桥水,于长桥公园处入湖。其一源出自方家峪,另一源则是玉皇山麓之山泉,从山谷岩缝之间流出,左冲右突,夺路而下。由于历史的原因,长桥溪中下游周围环境复杂,居民较多,溪水因生活污水的排放长期受到污染,影响到西湖水质和周围景观。

由于补充水源主要依靠降雨和几条不长的溪流,因此从现有的来水情况看,如果没有钱塘江引水工程的帮助,西湖入湖的径流量和蒸发量是无法取得平衡的。但根据历史资料来分析,至少在北宋以前,西湖的水量还是比较充沛的,否则很难维系比今天要大得多的水面,也无法在大旱之年为下游的几万亩良田提供灌溉水源。

由于西湖各子湖之间被几道湖堤隔开,仅由堤上的桥孔连通,因此各部分的湖水不能充分混合,形成各湖区水质差异的特点。在近现代,各个湖区的多处水域都处于富养化状态。不过自从1986年开始,西湖与钱塘江沟通后,每天引入钱塘江水约30万立方米,湖水由原先自然状态下的一年一换加快成每月一换,虽然还不能从根本上解决西湖富营养化的问题,但湖水的透明度确实有了很大程度的提高。在21世纪初的综合整治以后,根据西湖风景名胜区环保监测站的检测,到2007年,西湖水体的平均透明度已达到65厘米,比2003年又提高了15.65厘米。

历史上西湖原有五个出水闸口,分别为圣塘、涌水、石函、溜水、流福沟五闸,其中前三闸在钱塘门外、旧昭庆寺西;溜水闸在涌金门北;流福沟闸在清波门学士港处。由于种种原因,后来其他四闸都废了,只剩下东北的圣塘闸,是西湖唯一的出水口。直至21世纪初的西湖综合整治工程中,才又新开了涌金闸等出水口,使湖水的蓄泄得到一定程度的改善。

西湖的底质是由含有机质特别高的湖沼沉积而成，属于粉砂质黏土及粉砂质亚黏土，分为流动层、软泥层和硬泥层(底基层)三层。最上层为藻骸腐泥的流动层(黑色有机质黏土)，中层为软泥层，又细分为泥炭层及沼泽土层，最下层为基底粉石砂层。其中流动层和软泥层合起来平均厚度为0.5米左右，泥量达 267×10^4 立方米，有机质含量很高。

西湖周围的群山，属于天目山余脉，由西向东逶迤蜿蜒，有似龙翔凤翥，前人有诗咏山势为"天目山垂两乳长，龙飞凤舞到钱塘"[①]之句。这些山峰环布在西湖的南、西、北三面，根据岩性差别和山势高低，可分为内、外两圈。外圈有北高峰、天马山、天竺山、五云山等，属高丘陵地形，山体主要由志留纪、泥盆纪岩屑砂岩、石英砂岩构成，岩性较坚硬，不易风化侵蚀。峰峦挺秀，溪涧纵横，流水清冽，是西湖泉水最多地带。内圈有飞来峰、南高峰、玉皇山、凤凰山、吴山等，山势较低，属低丘陵地形。山体均为向斜山地，主要由石炭、二迭纪石灰岩构成，易受水流溶蚀，形成了烟霞、水乐、石屋、紫来、紫云等溶洞。内圈的群山，除岩溶丘陵外，还有横亘西湖北缘的葛岭、宝石山，由火山碎屑岩组成，海拔都在百米左右，特别是宝石山地貌气势磅礴，石峡陡立壮观，绝壁通幽。周边群山中的吴山和宝石山像两只手臂，一南一北，伸向市区，构成优美的杭城空间轮廓线。

从西湖整个地质地理的情况看，其特点是山与水的关系在空间比例上比较匀称，在契合上比较密闭，总体上形成山环水抱之势。北、西、南三面山形几乎不留缺口，峰峦重叠，绵延不绝，东面是一马平川，过去虽有几处小小的山丘孑遗，但基本上对这一马平川的地形没有什么影响。

三、西湖湖床面积的变迁

西湖从最初的形成时期直至今天，湖床经历过多次变迁，其面积总体呈逐渐缩小的趋势。

---

① 顾祖禹:《读史方舆纪要》卷八九《浙江一》引东晋郭璞《地记》中的诗句。

西湖初形成时，湖面甚宽，当远大于今天西湖的数倍，但在入湖溪流挟带的泥沙和大量水生动植物、微生物残骸的堆积下，面积迅速缩小，湖水日益变浅，很快就进入了沼泽化时期。其后，经过历代的淤塞—疏浚—再淤塞—再疏浚的过程，虽然有人力的努力疏浚，但由于种种原因，湖体面积总体上仍呈逐步缩小的趋势。据历史记载和地质资料分析，可以测知，西湖在汉唐时的面积约为10.8平方公里，"澄千顷之波澜"，虽然不及初形成之时，但仍比现在的西湖要大近一倍左右。根据有关文献记载，当时湖的西部、南部都直抵西山山麓。

关于西湖的水域面积，最早见于文字记载的是唐代白居易的《钱塘湖石记》，其文中有"钱塘湖一名上湖，周回三十里"之语，这是关于西湖面积最早的文献记载。

唐代以后，五代钱镠《建广润龙王庙碑》中也有载："钱唐湖者，西临灵隐，东枕府城，澄千顷之波澜，承诸山之源派……况镜水清流，烟波浩渺，其湖周百余里，其派数十余川……"

从五代至北宋，由于西湖长年不治，湖面大半被淤泥葑草所湮塞，几乎占据了整个湖面的一半。正如苏轼在《杭州乞度牒开西湖状》中所描述的，"臣通判杭州，湖之峰合者盖十二三耳，而今十六七年之间，遂湮塞其半"。不过在苏轼率领杭城百姓大规模的疏浚以后，"半年之间，目见西湖复唐之旧，环三十里，际山为岸"，大致恢复到唐代的水域面积。但总体来说，在宋元时期，湖床的面积还是比隋唐时又缩小了一些，根据学者的考证，当时的面积大约在9.3平方公里。

在明代以前，历代史书记载西湖的总长，均作一大概的数字，"周回三十里"。① 但到了明末，却有记载指出湖的周长只有原来的一半了。② 明清时，湖面为7.5平方公里左右，从清末再发展到民国，湖面还在继续缩小。

在整个元代和明初，由于当地对西湖几乎不加浚治，西湖一度被侵

---

① 除上述白居易《钱塘湖石记》的记载外，《宋史》卷九七《河渠志七》亦作"临安西湖周回三十里……"；明代《杭州府志》也作"西湖，在州之西，周三十里"；田汝成的《西湖游览志》中也作"西湖，故明圣湖也，周绕三十里"。

② 明末汪珂玉《西子湖拾翠余谈》卷上云："西湖……旧周三十里，今仅半耳。"

占淤积到几乎不复存在的地步，湖的范围急剧缩小，正如明人汪珂玉《古朴山房记》中的记载："西湖自南渡后，历元入于皇朝，官无厉禁，为军民寺观侵占。苏堤迤西，直抵西山之麓，尽化桑田，仅留六港，以行缺瓜舟子。其酒船碍浅不通，非今日也。里湖亦皆桑田弥布，惟留二三丈如带，酒船往来而已。外湖则自苏堤北第一桥迤东，沿西林桥、孤山路，过段桥，沿城而南至雷峰塔，为池荡，桑梗弥望。由是外湖浸以窄小，昔所谓十里，今无五里焉。"[①]而在《成化杭州府志》中也有类似的记载，"明初，西湖仍元之旧。西湖以山为岸者，去山日远……六桥之西悉为池田桑埂，里湖两岸亦然，中仅一港通酒船耳。孤山路南，东至城下，直抵雷峰塔，迤西皆然"。

明代正德元年(1506)，杭州郡守杨孟瑛对西湖进行了大规模的疏浚和整治，拆毁西湖内之田荡 3481 亩，使西湖恢复了唐宋时的大部分面积，特别是湖的西面，重现了大片湖面，使西湖的面积仍保持在 7.5 平方公里左右。

杨孟瑛浚湖以后，到万历年间(1573—1620)，湖面又有所缩小。当时郡人陈善在撰修《杭州府志》时向朝廷上《请疏西湖议》，提到湖岸的长度时，曾说："沿城诸堤，学士桥自东至西二十一丈，南北二十七丈；回回坟东西三十九丈，南北七十二丈；柳州亭东西二十八丈，南北十丈；黑亭子湾东西二十二丈，南北百余丈，受沙碛者，俱为平陆。"

到了清代雍正年间(1723—1735)，西湖面积尚有 7.54 平方公里，但葑滩二十多公顷。在浙江总督李卫等人进行过大规模的疏浚后，基本恢复了旧观。当时西湖的面积广及现在的杨公堤以西至洪春桥、茅家埠、乌龟潭、赤山埠一带。据当时李卫、傅王露主编的《西湖志》记载："谨按西湖旧志三十余里，有先被民人占为田荡，于康熙三年丈入鱼鳞图册者计四百四十二亩零……未经丈入鱼鳞图册者计二百一十八亩……现(雍正时)存湖址二十二里四分有奇，通计里外湖面一万一千三百一十五亩零，淤浅硬沙葑滩共三千一百二十二亩。"[②]不久以后由于

---

① 汪珂玉：《西子湖拾翠余谈》卷下《古朴山房记》。

② 清雍正朝《西湖志》卷二《水利二》。

民间侵占，以及淤浅，又损失了二里多。[①]

至乾隆二十二年(1757)浙江巡抚杨廷璋在奉敕清理西湖水源时，亲率属员进行实地考察，并派人重新丈量了湖址面积，丈量的结果是“现存湖面不及二十里之数”，比雍正时少了方圆二里多。在这次清理中，又挖出淤滩一里多，使湖面总数变成了21里2分。

不过据清朝《西湖全图》所示，在清朝初期，西湖中还有杨公堤丁家山以南一段，从图中画出的堤两侧波光粼粼的广阔水面可知，当时的西湖面积比现在的面积要大得多，广及现在的杨公堤以西至洪春桥、茅家埠、乌龟潭、赤山埠一带，而且由以上几个村名可知，当时水体已抵至村头，并形成码头。

同治三年(1864)，在浙江巡抚蒋益沣的支持下，杭州本地的地方官绅筹集专款，成立了西湖浚湖局，置局于湖滨。浚湖局成立以后，即派人全面仔细地丈量了西湖的实际面积，并写出了书面报告《丈湖记》，其原文如下：

> 西湖面积若干，古人初无丈量及之者。同治癸酉，钱塘丁丙主浚湖局，聘江苏舆图局董长洲顾云来杭，周历湖干，析湖为五段，实地测丈。一曰外湖，计积湖面四十一万九千二百八十六方丈。二曰里湖，计积湖面六万五千七百六十七方丈。三曰后湖，计积湖面三万七千九百五十二方丈。四曰岳湖，计积湖面八千一百九十二方丈。五曰小南湖，计积湖面九千一百九十二方丈。除去孤山、白堤、苏堤、湖心亭、三潭印月、阮公墩占去外，通计积湖面五十四万三百八十九方丈，积亩九千零六亩有奇。又复计积截方，每方一里之中，计积三万二千四百方丈，计亩五百四十亩。由是全湖水陆，处处皆有丈尺可寻。以之考工，工无所遁；以之定界，界莫能侵矣。

光绪年间(1875—1908)又进行过一次实测，具体数字是：“周围二十一里，南北袤五里，东西广三里五分”。

① 翟灏、翟让辑：《湖山便览》卷一《纪盛·湖》。

民国间，根据1920年《全浙公报》的记载："水利委员会奉令实测西湖，结果计全湖面积一万一千一百九十六亩（苏、白两堤占一千一百三十三亩；三潭印月、湖心亭、阮公墩占一百一十九亩），又周围线长二十三华里强，较旧志载里程约少六、七里。"即全湖面积为7.46平方公里，除去湖中三岛，水域面积6.63平方公里。

1927—1937年，杭州市政府实测西湖面积为九千二百余亩。

又解放前夕编撰的《民国重修浙江通志稿》，据当时水利委员会所测结果为："西湖南北三公里，东西约二公里，环湖一周约二十三华里强。"

另外，1948年《民国杭州市新志稿》上的记载是："西湖周围三十余里，面积约占十二平方里……东曰外湖，西曰里湖。里湖之北，以金沙堤分小部为岳湖，南以屿地分小部为小南湖；外湖之北，以白堤分小部为后湖。"

新中国成立以后，1950年后，杭州市有关部门对西湖进行详细测量，浙江省测绘局杨彬镛据此作《西湖面积小考》记："西湖环湖一周（长桥至花港观鱼间沿南山路，其余沿西湖水涯线）长十二点九六公里，面积约五点六平方公里。"

1984年《园林文物统计年鉴》："西湖面积五点六八平方公里，其中，外湖四点四三平方公里，北里湖零点三五平方公里，岳湖零点零七平方公里，西里湖零点七四五平方公里，小南湖零点零八五平方公里。西湖周边长一五点二二五公里。"

1990年杭州市园林文物管理局编纂《西湖风景园林》："现今的西湖南北长三点二公里，东西宽二点八公里，绕湖一周近十五公里，全湖面积五点六八平方公里。它三面环山，一面连城，白堤、苏堤把西湖分割为外湖、里湖、西里湖、岳湖和小南湖等五个湖面。"

至2001年，西湖西进工程实施前，据《杭州市志》记载，西湖南北长3.3公里，东西宽2.8公里，周长15公里，面积6.03平方公里。除去湖中小岛、长堤、孤丘，水域面积约5.66平方公里。2002—2003年，西湖西进工程向西延拓水面70公顷，重修了杨公堤，恢复了茅家埠、乌龟潭、浴鹄湾、金沙港等水域。

第二章　西湖的形成和历史沿革

一、西湖的形成

西湖自然的山水风光和悠久的人文历史沉淀，令人流连忘返。自古以来，历代文人墨客对于西湖美景的吟咏亦是数不胜数，对杭州以及西湖的人文历史、风俗民情、市井生活、奇闻异事，以及各个景点特色及其掌故的介绍集结成书的，蔚为大观。然而，在数量如此之多的历代有关西湖的文献资料中，却极少见到对西湖形成的原因、具体的形成时间等方面进行阐述的内容。也许古人较多地关心感性的、直观的景致，或是人文历史方面的情况，而对于一些自然科学方面事物的关注度还不够，再加上当时科技发展的局限，因此对于西湖，可能只是认为它是一个天然的理所当然的存在，反而难得去探讨它的形成和变迁了。即使偶尔有相关的内容，也都非常简略，内容也大致相同，只是大而化之地说到它是由周边群山的溪流积聚而成的。如《宋史・河渠志》云："西湖周围三十里，源出武林泉，盖其地三面环山，溪谷缕注，下有渊泉百道，潴而为湖；南北诸山之水汇聚于此，故其源深广而不竭，然非仅鱼鸟之薮，游览之娱也。"明代田汝成所撰《西湖游览志・西湖总叙》作"西湖，故明圣湖也，周绕三十里，三面环山，溪谷缕注，下有渊泉百道，潴而为湖"。清人方浚师在《蕉轩续录・西湖》中也作："湖居省城之西，聚南北诸山之水，汇七十二泉之源，潴而为湖。"其他史书记载也大体如此，只用一两句话，寥寥十数字，简单地说明西湖是由源出周边群山中的溪流汇聚蓄积在低洼之地而形成的。

直到近代，随着科学技术的发展，地质学和地理学的进步，科学界一些有识之士才开始用科学的观点和方法，从地质学的角度来探讨西湖的形成。学者们从地形、地质、沉积及水动力学等方面作考证，对于西湖的形成，提出了不同的观点，综合起来，大致有两种说法：火山说和潟湖说。

最早用地质学观点解释西湖成因的，并非中国本土学者，而是一位日本学者石井八万次郎。20世纪初期，日本出于帝国侵略扩张的需要，开始注意搜集中国大陆的地质矿产情报资料，并有计划地派遣人员来华作地情和地质考察，地质学家石井八万次郎就这样被派到中国来进行实地考察。经过在中国的详细调查之后，他于1909年在东京《地质学杂志》中发表了《清国浙江省杭州府附近调查概报》(即《浙江杭州附近地质调查概报》)一文，对杭州西湖的形成作了第一次近现代地质学意义上的研究和探讨。

遗憾的是，现在这篇论文已很难找到，只能从其他相关论文对此文的转述和引用中，窥其文章大旨。在这篇论文中，他写道："西湖之西北岸，岩石为赤色火山岩，或为多石英凝灰岩。从此火山下望湖面，几疑其为火口湖也。然湖之东南岸石灰岩露出，似属石炭纪，乃知西湖非火口湖，恰如日本之中禅寺湖，一面为古生代岩层，他面又为火山岩，即于古生代岩层之山坡，溪水北流，为火山岩阻塞而成。"①他认为西湖是一个火山岩阻塞湖，其形成的根本原因是由于火山喷发后形成的沉降所造成的，提出了最早的西湖形成火山湖说。

1950年以后，地质部门对西湖湖中的三岛和湖滨公园曾进行过地质钻孔取样分析，认为在距今一亿五千万年的晚侏罗纪时，以今天的湖滨公园一带为中心，曾发生过一次强烈的火山爆发，并在宝石山和西湖湖底(大部分)堆积下大量火山岩块。火山喷发过后，曾出现火山口陷落，造成马蹄形核心低洼积水，即西湖雏型。这一分析，对石井八万次郎的西湖形成火山说提出了有力的支持。

著名科学家竺可桢先生早年也对西湖的形成做过研究。1920年，

---

① 转引自章鸿钊《杭州西湖成因一解》一文。

他在考察了西湖地形后，于次年在《科学》杂志上发表了《杭州西湖生成的原因》一文。在这篇文章中，他认为西湖前身并非火山湖，而是一个由沙坝封闭所形成的典型的潟湖，它是由海湾逐渐淤积封闭演变而成，即由于钱塘江的泥沙沉积，使海湾的局部变得淤浅，海床上升，使一部分海面逐渐与大海隔绝而形成的。他的观点是："西湖的地形，南西北三面均为山所围绕，惟有东面是一个冲积平原，浙江省城就在这个冲积平原之上，所有泥土，统是钱塘江带下的沉淀积成。"至于沉淀的原因，"一则因为河流入海受了海水的阻力，速率减缩；二则因为海水含盐分，盐分能减少河水分子的凝聚力"。他并且认为西湖开始形成的时候，面积比现在要大得多，以后由于三面群山上的溪流小涧夹带了山上的泥沙不断注入西湖，逐渐淤积起来，变成了陆地，西湖面积因而变小。今天的金沙港、茅家埠一带，就是因山上的冲积土而形成的。另外，他还参照欧洲的隆河与坡河（即波河），从沉积率推断西湖形成年代距今至少已达 12000 年。[①]

此后，潟湖说就成为西湖形成说中较为普遍接受的一个观点。

潟湖旧称"泻湖"，翻检《辞海》，对潟湖的解释是"浅水海湾因湾口被泥沙淤积积成的沙嘴或沙坝所封闭或接近封闭的湖泊"，换句话说，即海湾处被沙嘴、沙坝等分割出来，而与外海相分离的局部海水水域。

继竺可桢先生后，1924 年章鸿钊先生撰写了《杭州西湖成因一解》[②]一文，同样认为西湖的形成与火山无关，基本同意竺可桢先生的观点。不过他对竺说又作了一些补充修正。他认为"西湖之成因，似不得仅以钱塘江淤泥之沉积解释之。其始也，则以潮流之所向而积成湖堤。其继也，又以水准之变迁而维持湖命。二者乃今日所以有西湖之重要条件也"。他还指出西湖的形成，不仅仅由于钱塘江带下的泥沙积塞湾口而成，还由于"水准的变迁"，即海平面的下降，相应地导致陆地上升。如果没有后一个条件，那么西湖就会被海水湮灭而"未能长保"。

① 竺可桢：《杭州西湖生成的原因》，《科学》1921 年第 6 卷第 4 期·现代。不过，这种仅仅通过参照对比，从沉积率来判断西湖具体形成时期的方法，可能并不是很恰当。

② 载《科学》1924 年第 8 卷第 6 期·现代。

由此看来，竺、章二位学者共同的结论大致是：西湖原本只是一个普通的海湾，由于南面的吴山和北面的宝石山形成两岬对峙，奔流的钱塘江到了入海口后，随着地质学上的“沉积作用”的加速和人类活动的加剧，江中夹带的大量泥沙在此处沉淀下来，并在吴山—宝石山一线堆积起来，日积月累，慢慢地把湾口塞住，使之与大海隔开；而湖东则逐渐发展成为一块冲击平原，后来又由于海塘的修筑，终于使西湖完全和大海隔绝，变成了一个潟湖。这正如苏轼曾经说过的，“凡今州之平陆，皆江之故地”。①

其后陆续又有多位学者支持潟湖说。如高平在《浙江东部之地质》②、朱庭祜等人在《钱塘江下游地质之研究》③中都对西湖的成因作了探讨，认为西湖本为海湾，后由于江潮挟带泥沙在海湾南北两个岬角处(即今吴山和宝石山)逐渐沉淀堆积发育，最后南北岬角相互连接，使海湾隔绝了大海而形成为潟湖。同样，河口海岸学家陈吉余先生从1947至1964年先后发表了四篇文章④，从不同角度出发，以海岸发育理论来支持潟湖说。

1977年，地质工作者汪品先等人在西湖湖滨作了两个钻孔，对两处穿孔所采取的岩样作了微体古生物分析后，也主张西湖原先确是一个潟湖，认为在第四纪期间，西湖经历了山间谷地—淡水湖—早潟湖—海湾—晚潟湖—淡水湖的演变过程，今日的西湖，是冰河后期海面上升与河口泥沙堆积共同作用的产物。在距今约2500年前晚期潟湖时，随着钱塘江沙坎发育，西湖终于完全封闭，水体逐渐淡化，遂形成现代的西湖。⑤

---

① 苏轼：《东坡全集》卷三五《钱塘六井记》。

② 高平：《浙江东部之地质》，载《地质汇报》1935年第25号。

③ 朱庭祜：《钱塘江下游地质之研究》，载《建设》1948年第2卷第1期。

④ 这四篇文章分别为：《杭州湾地形述要》，载《浙江学报》1947年第1卷第2期；《杭州之地文》，载《浙江学报》1948年第2卷第3期；《长江三角洲的地貌发育》，载《地理学报》1959年第25卷第3期；《钱塘江河口沙坎形成及其历史过程》，载《地理学报》1964年第30卷第2期。

⑤ 汪品先等：《从微体化石看杭州西湖的历史》，载《海洋与湖沼》1979年10月，第10卷第4期。

支持潟湖说的还有著名的历史地理学家陈桥驿先生。1985 年,他在《中原地理研究》第 2 期上发表《历史时期西湖的发展和变迁——关于西湖是人工湖及其何以众废独存的讨论》一文,开篇就说西湖原是一个海湾,由海湾而演化成为一个潟湖,由潟湖而形成一个普通湖泊,最后逐渐演变成为人工湖泊。

1989 年,国家地震局地质研究所地震专家何永年著文,将此前潟湖说诸家的观点作了一个大概的总结,他认为,在地质学上西湖属潟湖。大约在数十万年之间,当时的杭州地区还是一个浅水海湾,除个别山岭外全部淹没在海水之中,北面宝石山和南面吴山是海湾南北端的两个岬角。汹涌的杭州湾海潮夹带着大量泥沙不断涌进海湾,遇到湾口的岛屿和暗礁时,海潮流速突然减低,泥沙就沉淀下来,天长日久,堆起了一条沙洲,当沙洲的两头与海湾的南北岬角相连接时便形成了沙堤。沙堤内侧的水域与外海隔绝,变成了湖泊,这就是杭州西湖的雏形。杭州西湖以它独特的地质成因著称于世。

不过单纯的潟湖说在现代科学考察中受到了怀疑。如王淙涛、顾嗣亮、吴静波在《西湖的成因发育及年龄》[①]一文中称:无论是对地表地形的观察,还是对地下堆积体的追索与沉积特性的分析结果,西湖的前身都不应是潟湖,确切地说,它不是一个由沙坝所封闭的典型潟湖。他们的根据是:水文地质和工程地质部门的钻孔记录,并未发现西湖以东有任何坝状沙体的存在,从西湖北面的宝石山到南面吴山一带,不存在高出西湖的堤状湾口沙洲。因此断言西湖不是一个由沙坝所封闭形成的潟湖。不过他们并没有提出西湖是怎样形成的具体意见。

2003 年,陆景岗等人撰写的《新构造运动与杭州西湖的形成及其成景分析》[②]一文,对潟湖说作了一些补充和更正,指出西湖在发展过程中可能有海面升降、泥沙淤积等多个因素的联合作用。其中,新构造运动的沉降作用不容忽视。所谓新构造运动也称近代构造运动,它起

---

① 收入《杭州历史丛编》编辑委员会《南北朝前古杭州》,浙江人民出版社 1992 年版,第 213—225 页。

② 载《浙江国土资源》2003 年第 4 期。

始于新第三纪中新世末期及晚新世,并贯穿整个第四纪,最普通的表现形式是振荡,即造陆运动。文章认为,西湖是杭州地区在新构造运动中沉降运动的最强处,而这一点与西湖的形成有不可分割的关系。

在潟湖说与火山说之外,还另有一种比较特别的说法。1990 年,徐建春发表《杭州史地新探》一文,力驳西湖海湾潟湖说,并提出了一种新的观点,即河口湾成湖说,认为西湖是河口湾湮废之后所留下来的水体。他推测在距今 7000—6500 年以前海面较高的时期,杭嘉湖平原的西侧与山地丘陵交接处,有一从太湖往南经湖州、德清、余杭,最后在杭州一带汇入杭州湾的河口湾。当时这一河口湾的宽度足以和今天的杭州湾相比拟,后来由于沿湾的地势升高,这个河口湾逐渐变窄淤浅,并逐段湮废了,因而形成了一个个湖泊,而西湖就是其中之一。同时,他还认为杭州的大多数湖泊,如西湖、下湖、古荡、临平湖、诏息湖、泛洋湖、像光湖、丁山湖、紫翠湖、白洋湖,等等,都是河口湾湮废之后留下來的水体。①

不过,至少到目前为止,也还没有足够的证据来否定西湖在形成初期曾有过潟湖阶段。即使是西湖一带曾有过火山喷发,从而导致地层沉降下陷,那也只是给潟湖的形成创造了更好的条件,因此火山说和潟湖说在本质上并不矛盾。西湖的形成应该是多种因素综合作用的结果,但其中钱塘江泥沙沉积导致海湾淤积形成潟湖,应该是关键性的因素。

如果将潟湖的形成再结合火山喷发的因素,我们大致可以作出这样的推断:在一亿五千万年前的侏罗纪晚期,在今天的西湖一带发生了一次强烈的火山喷发,由于岩浆外流,造成地壳内部空虚,使火山口陷落成为了洼地,这块洼地就成了以后西湖形成的基础。到了距今约一万年前,冰河期结束后,地球表面冰盖融化,导致海平面上升,海水入侵,现在杭州所在之地变成了一片汪洋,而“西湖也不过是钱塘江口左近的一个小小湾儿”②,在很长的一段时间内是大海的一部分。直到距

① 徐建春:《杭州史地新探》,《杭州师范学院学报》1990 年第 5 期。

② 竺可桢:《杭州西湖生成的原因》,《科学》1921 年第 6 卷第 4 期·现代。

今两千多年前，西湖还是一个浅海湾，除个别山岭外全部淹没在海水之中。后来随着海水的冲刷，海湾四周的岩石逐渐变成泥沙沉积，使海湾变浅，加上钱塘江水中带来泥沙，在入海口沉积。在两者的共同作用下，泥沙越积越多，最终将海水截断，内侧的海水就形成了一个湖。起初，潟湖还随着潮水的涨落而时隐时现。后来，经过当地人民多次筑海塘阻拦海水，再加上海平面的下降，西湖才正式形成。

潟湖的形成，是西湖演变史上的一个重要阶段。在它形成的初期，湖里的水还与海水一样，含盐量很高，是咸的。在湾口完全封闭，与海洋隔绝以后，海水就不再与湖相通了，流到湖里来的，只有发源于武林山的"武林水"——各处山坞里流出的山涧溪流的淡水。经过淡水的不断冲刷，湖水的含盐量逐渐降低，年长月久之后，这个潟湖就成了淡水湖，即日后的西湖。

二、西湖的历史沿革

今天的杭州和西湖，经济发达、文化深厚、景色秀丽，使人很难联想到，在远古时候，这里只是一个波涛汹涌的浅海湾。如今西湖南北的群山，那时只有峰顶露出水面，大部分都埋在海底，成为一个个小岛。北面的北高峰、宝石山和南面的凤凰山、吴山等向东突出，成为大海中的两个海岬；整个海湾呈马蹄形。北宋苏轼在任杭州知府时曾说"杭之为州，本江海故地"。[①] 南宋著名词人、郡人周密，当年到城南吴山游玩，看到山腰石壁上有水波细纹的遗迹，也曾说："今之城市，当在深水底数十丈矣。"解放后，地质工作者在城北拱宸桥一带勘探时，也从钻孔资料获知，距离地面30至50米以下的松散沉积物中有海滨生物。这些都说明，今天的杭州城区，在远古时的确是一个海潮涨落的浅滩。

根据文献记载，春秋战国时期，今天的杭州市区仍是海潮出没的沙洲。因此两千多年前，西湖还是钱塘江的一部分，仍与海湾相连，每当涨潮的时候，湖中的水就满溢出来，退潮的时候，湖的形状才显现出来。

① 苏轼：《苏轼全集》第8卷《奏议·乞开杭州西湖状》。

后来，由于泥沙日复一日的淤积，在西湖南北两山——吴山和宝石山山麓逐渐形成沙嘴，此后两沙嘴逐渐靠拢，最终毗连在一起成为沙洲，在沙洲西侧形成了一个内湖，即为西湖，至此，湖的形状才基本定型下来，此时大约为我国的秦汉时期。据刘宋县令刘道真《钱塘记》的记载，"县在灵隐山下"，说明当时的钱唐县在现在杭州城的西南部，则当时的西湖应该在钱唐县治的东北面。

根据《史记·秦始皇本纪》的记载，秦始皇统一全国后曾五次出巡。始皇三十七年(公元前210)最后一次出巡，由左丞相李斯随从，到云梦时，遥祭了葬在九疑山的虞舜，然后沿长江顺流而下，"过丹阳，至钱唐，临浙江，水波恶，乃西百二十里，从狭中渡"。这是文献中首次出现"钱唐"之名。根据此处《史记》的记载，可以推测当时西湖以东还是海潮出没之地，现在的江干一带还在海中，和南岸的西兴隔着一片辽阔的水面。这一带的地形还是个河口，没有形成河道，所以秦始皇难以在这里渡江，只能往"西百二十里"，在江面比较窄的地方渡江了。

传说秦始皇到钱唐时还曾乘船进入西湖，在湖边一块巨石上系舟，这就是宝石山麓的"秦皇缆船石"。张岱《西湖梦寻》卷一《大佛头》记载："大石佛寺，考旧史，秦始皇东游入海，缆舟于此石上。"此处所言大石佛寺，即位于西湖北侧的宝石山下，目前尚有"秦始皇缆舟石"之景。秦始皇的船能进入西湖，可见当时西湖还与江海相通，武林湾还没有完全封闭。

至西汉前期，西湖可能还与江海相通。直到汉代后期筑成大塘后，西湖才与海潮隔断并与钱塘江分开，从此才开始其独立发展。据北魏郦道元《水经注》卷四〇《渐江水》引南朝钱唐县令刘道真《钱唐记》载："防海大塘，在县东一里许，郡议曹华信家议立此塘，以防海水。始开募，有能致一斛土者，即与钱一千，旬月之间，来者云集。塘未成而不复取，于是载土石者皆弃而去，塘以之成，故改名钱塘焉。"记载了东汉会稽郡的议曹华信率领民众，用泥石堆筑防海大塘，阻挡了咸潮，江湖始分，西湖从此与江海隔绝，成为内湖；因为湖在当时钱唐县境内，所以把武林水改名钱唐湖(从唐朝开始，"钱唐"改为"钱塘")。

《钱唐记》中关于防海大塘的记载可能确有其事，不过关于"钱唐

(塘)”县得名的说法可能有误。《史记》中早有记载,“(始皇)至钱唐,临浙江”,可见秦时已有“钱唐”之名,而并非东汉修筑防海大塘后才得名的。

隋开皇九年(589),废钱唐郡,置杭州,“杭州”之名自此始。大业六年(610),隋炀帝征调民工开凿自京口(江苏镇江)至杭州的长达八百余里的江南运河。杭州作为江南运河的终点,又是运河与钱塘江的交汇处,一跃而成为一个交通枢纽和商业中心,因而得到了迅速发展,《隋书·地理志》记载:“川泽沃衍,有海陆之饶,珍异所聚,故商贾并凑。”但是当时这一地区的土地并不宽阔,不可避免地出现了地少人多、人满为患的现象。在这样的情况下,作为城市的外围,聚落开始向西湖以东今天市区一带扩展。在西湖以东建立聚落,首先面临的问题就是给水。在上一节的内容中已经提到,杭州城所在的位置原是一片冲积平原,在形成平原之前则是海湾旧地,因此在整片斥卤的土地上,井水和河水都是咸水,这就使得初期建立在这里的聚落不得不紧靠西湖,否则,供水就是一个严重的困难。由于商业发达,人口增加,从紧靠湖边的聚落出现开始,居住点逐渐向着西湖以东的广阔地区扩展,聚落渐增,解决给水问题的迫切性也日益增加。这才促使唐德宗建中二年(781)所谓“六井”的出现。

西湖的出名始于唐代。田汝成在《西湖游览志余》卷二四《委巷丛谈》中述及西湖的盛衰史时,曾有过这样一段话:

> 西湖巨丽,唐初未闻也。自相里君、韩仆射辈继作五亭,而灵竺之胜始显。白乐天搜奇索隐,江山风月,咸属品题,而佳境弥章。苏子瞻昭旷玄襟,追踪遐躅。南渡已后,英俊丛集,昕夕流连,而西湖底蕴表襮殆尽。虽其时法禁舒假,长民者得以适性徜徉,而府库充盈,羡余可举,闾阎康裕,募化有资,故寺观日益,且高僧真士又得与达官长者倡和逍遥,故妆点湖山愈加繁媚。乃今法禁严明,动有掣肘,为吏兹土者,上畏督察,下惕诽议,汩没簿书,修职救愆,犹虑不给,尚敢盘桓山水之间哉?至于道院禅林,日就崩废,缁黄之流,服役追呼与氓隶等,即有募化之资,无过升斗。盖盛极而衰,亦循环之理也。

指出西湖在唐宋时期得到了巨大的发展,以及其所以能得到发展的原因。

唐朝初年,杭州的户口已经超过十万。而杭州临近江海,城内江水咸苦,百姓苦于饮水困难,只能依赖西湖水的供给,由于供水问题,杭州城市与西湖的关系也就日益密切起来,其最典型的代表就是刺史李泌修建的“六井”。为了解决饮用淡水的问题,建中二年(781),刺史李泌创造性地采用了从地下引西湖水入城的方法,开凿了六井。所谓“六井”,实际上就是六处蓄水池,蓄积的池水通过地下的瓦管或竹筒从西湖引来。从六井的分布来看,它们离西湖都不很远,这反映了当时这个地区聚落街市分布的大体范围。虽然是小小的六处蓄水池,所分出的水量也只占西湖总水量的极其微不足道的份额,但其意义却十分巨大,从以后杭州和西湖的发展中可以证明,它几乎成为今后西湖能够免遭湮废的决定力量。因为从六井开始,西湖就成为杭州城市不可分割的一个部分。

李泌以后,白居易开发西湖,可以说是西湖成名的初创时期。此前李泌在开凿六井的同时,还凿通了西湖和钱塘江间的通路,使江水可以自由流通。潮水的涨落,导致西湖的水位高低变化很大。此后西湖日渐淤塞、湖水干涸、农田苦旱。长庆二年(822),白居易出任杭州刺史,冲破阻力,开始整治西湖。他在钱塘门外从石函桥到武林门一带修筑了一条长堤,堤的西面为上湖(即今天的西湖),堤的东面为下湖(后湮废)。所建湖堤比原来的湖岸高上数尺,这样,又使上湖与钱塘江完全隔绝开来。上湖虽然与钱塘江不相连,接受不到江水的补充,但由于三面环山,因此下雨的时候,山上的水都汇流入上湖中。他又在上下湖之间修了沟渠,将上湖之水引入下湖,灌溉沿岸的良田,故有“决上湖水一寸,可溉田十五余顷”之说。杭州附近的农田得上湖水的灌溉,土壤肥沃,农业收成增加,人口也逐渐增长。因此人们将白居易所筑的防护堤叫做白堤,由于白堤的修筑,西湖的风景也变得更美,并逐渐美名远扬,文人墨客也纷至沓来,屡屡将各自的游兴付诸笔端。

据地质资料分析,西湖在汉唐时的面积约为10.8平方公里,湖面虽较早期略为收缩,但湖的西部和南部都直达西山脚下,东北则延伸到

今天的武林门一带，香客可以泛舟到山脚下再步行上山拜佛，且湖边树木繁茂，绿草葱茏，自然环境很好。这时期已开始进入了风景湖泊的初期阶段，且面积仍相当辽阔，约比现在的西湖要大近一倍。

历史上对西湖影响最大的两个时期是定都杭州的五代吴越国和南宋时期。

进入五代十国时期，吴越王钱镠定都杭州，并大兴工事，扩展杭州城，在城内大修台馆，构筑子城，为今天的杭州奠定了基础。在吴越国的八十余年中，杭州城市得到了较大的扩展，西湖也获得了较好的整治，城市与西湖的这种唇齿相依的关系，较之前代变得更为明显。

当时钱塘江的海潮逼近州城，经常侵入城内，成为杭州城的大患。于是钱镠乃“大庀工徒，凿石填江，又平江中罗刹石，悉起台榭”[①]，在钱塘江边修筑了堤防。在吴越之前，钱塘江边也曾筑过海塘，但这些海塘均为土塘，而钱镠首次用石头筑塘，所以《浙江通志》说“筑塘以石，自吴越始”。他又令人在石塘以外，靠近堤岸的江中再植入大木十余行，以减潮势。这些大木称为“滉柱”，北宋宝元、康定年间(1038—1041)，有人向杭州地方官建议，“取滉柱可得良材数十万”。及至滉柱取上来，才发现都因年代久远而朽败不可用了。而且滉柱一空以后，石堤为江潮所拍击，便“岁岁摧决”了。[②] 足见那“建议”之荒谬，也反证了钱镠建筑石堤所用的层层防护技术的高明。

在修筑江堤的同时，钱镠还对荒芜已久的西湖作了疏浚。此时西湖距白居易修治后又逾百年，由于西湖自身的地质原因，淤泥堆积速度非常快，甚至一度干涸，只能在雨季为居民供水，而遇旱季则无水可供，而且只有最小型的船只在水位最高的时候，才有可能穿过西湖进入城中密布的水道。钱镠在后梁龙德三年(923)定都后，即在西湖南、北泄水口设涌金、钱塘两座水门，为城市防御和水上交通关隘。又于宝正二年(927)置撩湖兵千余人，封闭出水口，芟除湖草，深挖湖底淤泥。泄水通过市区河道，为民用和灌溉的水源。又新挖水池三处，引西湖水入

① 《旧唐书》卷一三三《钱镠传》。

② 沈括：《梦溪笔谈》卷一一《官政一》。

池，增加城市的淡水供应；修建龙山、浙江两闸，以遏制江潮灌入内河。此后，西湖的疏浚成了日常维护工作，确保了西湖水体的存在。由于吴越国历代国王都崇信佛教，在西湖周围兴建大量寺庙、宝塔、经幢和石窟，扩建灵隐寺，创建昭庆寺、净慈寺、理安寺、六通寺和韬光庵等，并修建了保俶塔、六和塔、雷峰塔和白塔，一时吴越国有佛国之称。灵隐、天竺等寺院和钱塘江观潮是当时的游览胜地。

吴越国时期对西湖的整治，无疑大大延缓了西湖的沼泽化过程，但湖泊自然发展的规律并没有改变，西湖的淤浅仍然处于日积月累毫不休止的过程中。

北宋以后，杭州的许多贤牧良守都把疏浚西湖、畅通六井作为施政的重要任务。

北宋哲宗元祐四年(1089)，苏轼赴杭州任知府。西湖自五代钱氏后废而不理，到此之时，湖面"葑积二十五万余丈，而水无几"[①]，而六井也几乎都废毁不可用了。苏轼上任后，首先疏浚了城中的茆山、盐桥二河，使之分别承受钱塘江潮和西湖水，并在河上建造了堰闸，定时启闭。然后又恢复六井，解决了城中居民的饮水和洗涤之需。紧接着，次年即调集大批民工浚治西湖，并用挖出来的葑草和淤泥，堆筑起自南至北横贯湖面的长堤，在堤上修建了六座石拱桥，堤岸上种植了杨柳和花草等，从此"北山始与南山通"[②]，而西湖水面也开始分为东、西两部分，堤的西面叫里湖，东面叫外湖。浚湖以后，苏轼又将沿岸湖面让给农夫种菱角，并将出租湖面的费用充作今后西湖的维护治理费。后人为纪念苏轼对杭州和西湖治理的功绩，将这条长堤称为"苏堤"。苏轼在杭州期间，筑堤一道，吟诗千首，留下了众多的掌故，相传杭州名菜"东坡肉"，就是苏东坡犒赏疏浚民工的美食。这一时期是可以说是西湖的初兴时期。宋室南渡以后，定都于杭州之时，西湖是京城里唯一的名胜景地。

南宋定都临安后，杭州成为全国的政治、经济、文化中心，人口激

① 《宋史》卷九六《河渠六·东南诸水上》。

② 《苏轼诗全集》卷三《夜泛西湖五绝》。

增，经济繁荣，进入了城市发展的鼎盛时期。西湖由于位处都城，因此地方官府对湖山的景致年年加以修理，环湖的寺庙、庭园之美也达到极致。南宋吴自牧在《梦粱录》中写道："临安风俗，四时奢侈，赏玩殆无虚日。西有湖光可爱，东有江潮堪观，皆绝景也。"到杭州的旅游者，每年除香客外，又增加了各国的使臣、商贾、僧侣，赴京赶考的学子，国内来杭贸易的商人，等等。西湖的风景名胜开始广为人知。当时，西湖泛舟游览极为兴盛，据古籍记载，"湖中大小船只不下数百舫"，"皆精巧创造，雕栏画栱，行如平地"，"湖之景，四时无穷，虽有画工，莫能模写"。[①]南宋诗人林升的《题临安邸》诗"山外青山楼外楼，西湖歌舞几时休。暖风熏得游人醉，直把杭州作汴州"，虽然是对南宋朝廷苟且偷安的嘲讽，但也从中可见当时杭州城和西湖美景的盛况。

元明二代，可谓西湖发展史上的衰败期。

元代，杭州依然是歌舞升平的"销金锅"。据《元史》卷二三记载，在至大二年(1309)，"江浙杭州驿，半岁之间，使人过者千二百余，有桑兀、宝合丁等进狮、豹、鸦、鹘，留二十有七日，人畜食肉千三百余斤"。西域和域外的商人、旅行家，来杭州游览的增多。最为闻名的是意大利旅行家马可·波罗，他在游记中盛赞杭州是"世界上最美丽华贵"的"天城"。元代后期，继南宋"西湖十景"，又有"钱塘十景"，游览范围比宋代有所扩大。但在整个元代，官府对西湖始终采取了废而不治的政策。虽然元世祖至元期间，曾一度疏浚西湖，作放生池，但不久部分湖面就逐渐葑积成桑田。特别是元朝后期，西湖疏于治理，富豪贵族沿湖围田，使西湖日渐荒芜，湖面大部分被淤为茭田荷荡，连行船也困难，这种情况一直持续到明朝中叶。当时西湖已处于泯灭的危境。因之后人有述："有元一代，守令治西湖者无人，湖遂废而不治，故元史河渠志不及西湖。"[②]明代《成化杭州府志》亦有记载："明初，西湖仍元之旧。西湖以山为岸者，去山日远……六桥之西悉为池田桑埂，里湖两岸亦然，中仅一港通酒船耳。孤山路南，东至城下，直抵雷峰塔，迤西皆然。"

① 吴自牧：《梦粱录》卷一二《西湖》。

② 梁诗正等辑：《西湖志纂》卷二《西湖水利》。

明代中期正德元年(1506),杭州知府杨孟瑛力排众议,组织民工大规模疏浚西湖。疏浚后所挖的葑泥一部分用于修补拓建苏堤,大部分用在苏堤之西筑起一条与苏堤平行的长堤,名为杨公堤,堤上亦建有六桥以通湖水,称里六桥。此后,杨公堤以西至洪春桥、茅家埠一带尽为湖面,西湖重又恢复了唐宋时"湖上春来水拍空,桃花浪暖柳阴浓"[①]的旧观。因此明人田汝成在《西湖游览志余》中赞道:"西湖开浚之绩,古今尤著者,白乐天、苏子瞻、杨温甫三公而已!"[②]

由于元明两代民间侵占湖面的情况一直比较普遍,因此到清初顺治时(1644—1661),西湖面积已缩小为原先的一半。鉴于西湖被侵占的严重情况,顺治帝遂命杭州的地方官吏浚治西湖,力图恢复原有面积,但此次工程直到雍正年间(1723—1735)才终告完成。不过到康熙朝后,情况有了一些好转,因为康熙、乾隆两位皇帝多次南巡到杭州,促进了西湖的整治和建设。康熙帝五次临幸杭州,并亲自为南宋时形成的"西湖十景"题字,地方官又为题字建亭立碑,使"双峰插云"、"平湖秋月"等未定点的景目,有了固定的观赏位置。雍正年间,还推出"西湖十八景",使杭州的游览范围进一步拓展。乾隆皇帝曾六次到杭州游览,又为"西湖十景"题诗勒石;又题书"龙井八景",使偏僻山区的龙井风景也开始为游人注目。乾隆年间,杭州人翟灏、翟瀚兄弟合著的《湖山便览》,记载西湖游览景点增加到1016处,为杭州最早的导游书籍。但是自乾隆以后,西湖又多年疏于管理,杨公堤以西多为居民田桑之地,行游者稀少。到了嘉庆年间,里六桥以西、太子湾、赤山埠、长桥等处都已成为洼地。其后,尽管也有阮元等人对西湖的疏浚,然杨公堤终因里湖不断淤浅、田桑扩大而废去。

自清末进入民国以后,阻隔在杭州城市与西湖之间的城墙逐渐被拆除,城市与西湖的关系更加密切。民国元年(1912)7月,杭州市政当局开始拆除钱塘门至涌金门城墙,沿湖筑湖滨路,在离湖20米处设栏,广种花木,称湖滨公园。长约一里的湖滨公园共分为一至五公园。次

① 语出明代聂大年《花港观鱼》诗。

② 田汝成:《西湖游览志余》卷二四《委巷丛谈》。

年,又开始拆除旧旗营城墙,开辟新市场,据时人游记的记载,"自旗营开辟,垣毁,西湖宛在城中",西湖现代建设由此起步。此前,由于旗营为八旗兵丁驻防所在,而钱塘门逼近旗营,因此"游者为之裹足";及至旧旗营城墙拆除以后,附近一带"春秋佳日,士女如云"。自1920年起,市政当局为修建环湖马路,还陆续改建了苏堤六桥和白堤两桥,改石阶踏步为斜坡桥面,苏、白二堤也被铺成碎石路面。到1930年,西湖四围已建成的主要马路还有南山路、北山路、岳坟路、灵隐路等等,其中有些路面并由碎石路改为沥青路。1930年春,杭州市政府又在长生路之北至钱塘门头,用浚湖之泥填为平地,约21亩余,辟为六公园。

由于沪杭、杭甬、浙赣等铁路路线以及杭州至上海、南京、宁波等地的公路相继建成,便利的交通条件促进了杭州旅游的发展。杭州西湖作为风景名胜湖泊的盛名日益远扬,除了传统的香客外,全国各地的游客甚至国外的游客也日渐增多,整个西湖进入了旅游的繁盛时代。

抗日战争期间,杭州沦陷于日本侵略军之手,西湖也失去了正常的整治和维护,葑草淤塞情况也日益严重。当时的敌伪市政当局对西湖只是维持表面的管理而已。

1949年5月24日,杭州市人民政府成立。在接管期间,杭州市工务局园林管理处即以"维持现状之原则",对西湖风景区开展了接管工作,维护好景点的旅游设施;同时组织人员对西湖开始进行初步的保护与整理,西湖周边的主要景点由此得到了较好的保护。

中华人民共和国成立后,杭州为全国最早对外开放的旅游城市之一。杭州市政府对西湖山区实行封山育林、植树绿化,对西湖湖体进行全面疏浚。1950年,国家把治理西湖列入国家投资计划。1951年至1958年,杭州市启动疏浚西湖工程,开始建国后的全面疏浚治理西湖。西湖实施了有史以来清除淤泥量最多的一次疏浚,8年间,共清除了721万立方米的淤泥,湖水从0.55米加深到1.808米,恢复了西湖的库容,摆脱了当时西湖沼泽化严重的困境。

20世纪60年代以后,随着西湖流域范围常住人口的不断增多,生产、生活污染源对西湖水质的影响日益明显,湖水中的有机质、总氮、总磷等含量不断上升,浮游藻类也迅速繁殖,西湖很快成为了富营养化湖

泊,并且富营养化程度日益严重。

1976年,国家拨专款200万元,开始第二次疏浚西湖。除了疏浚工程,杭州市政府还对西湖湖塍进行了全面整修,结合驳塍还整修或新建湖滨公园、中山公园、岳坟、苏堤两侧等供游船停靠的大小埠头十余处。

进入21世纪,数项整治西湖环境的大型工程被启动。首先是“西湖南线整合工程”,2002年开始,又启动了规模宏大的西湖综合保护工程,相继对西湖风景区的众多景点进行整修。2005年2月,实施湖中“两堤三岛”整治等西湖综合保护工程完善深化项目。这一系列举措,使西湖沿线成了开放式大公园,对于重塑西湖的生态环境发生了巨大的作用,使西湖固有的山水依存关系更加密切,也使西湖与城市、与人民的关系更加融合了。

附:

竺可桢《杭州西湖生成的原因》(《科学》1921年第6卷第4期·现代):

湖沼生成的原因,依英国著名地质学家该克衣(Geikie)之说,可分为三种:(1)因为地面升降变动,造成一盆形的陷穴。譬如亚洲西部的死海(Dead Sea),及意大利各处已熄火山顶上的克莱透湖(Crater Lakes),就是这样形成的。(2)因为风霜剥蚀的结果,地面上容易消磨及溶化各种岩石,缓缓消尘灭迹,剩下一个千疮百孔的地面,不久就成了许多湖沼。世界各处以这个原因而成的湖沼很多,最有名的就是南斯拉夫国内喀斯特(Karst)地方的湖沼。(3)因为河流河水所带下泥土,或者山崩时候落下石块,把河道海湾的出口塞住,如美国的五大湖及佛罗里达(Florida)省海滨一带的礁湖(Lagoon)就是这样生成的。

西湖生成的原因,不外上述三种。据记者去岁(民国八年)夏间的观察,加以东西书籍的参考,西湖生成原因,可以断定是属于第三种。换言之,西湖是一个礁湖。

西湖的地形,南西北三面均为山所围绕,惟有东面是一个冲积

平原，浙江省城就在这个冲积平原之上，所有泥土，统是钱塘江带下的沉淀积成。大凡河流所带泥沙到了河口，一部分就要沉下来，一则因为河流入海受了海水的阻力，速率减缩；二则因为海水含盐分，盐分能减少河水分子的凝聚力(Cohesion)。有了上述两层原因，凡是长江大河，如埃及的尼罗河(Nile)，印度的恒河(Ganges)，以及我国黄河、长江，到了入海地方，均成有三角洲。照这样看来，杭州附近冲积平原，不过是钱塘江所成的一个三角洲。

我们若再进一层来考察西湖近旁的地质，就晓得不但西湖东面有冲积土，就是西面也有冲积土，假使我们能追想钱塘江初成时候情形，一切冲积土尚未沉下来时，现在杭州所在地方，还是一片汪洋，西湖也不过是钱塘江口左近的一个小小湾儿。后来钱塘江沉淀慢慢的把湾口塞住，变成一个礁湖。初成的时候，里湖的面积比较现在的外湖还大。后来因南北诸高峰川流汇集，如玉泉、两峰涧、龙井等溪水所带下的泥土，流入湖中以后，速率顿减，就淤积起来。里湖因在靠山这一边，所以淤积得快。如耿家步、金沙港、茅家埠等处，就是溪流带下的冲积土所成的。倘使没有宋、元、明、清历代的开浚修葺，不但里湖早已受了淘汰，就是外湖恐怕也要为淤泥所充塞了。换言之，西湖若没有人工的浚掘，一定要受天然的淘汰。现在我们尚能徜徉湖中，领略胜景，亦是人定胜天的一个证据了。

在夏季时候，外湖的水平均不过四英尺深，里湖因靠近山边，所受的沉淀比外湖较多，所以水亦较外湖浅。惟苏堤六桥、玉带桥、西泠桥之下，水度略深，最深的地方大约在六英尺左右。这是因为湖中水平如镜，流动极缓，水中所含最微渺的泥粒，也都沉下来。独堤上诸桥为湖水交通咽喉，自里湖流入外湖必经之路，湖水流行较速，水中微细的泥土不能沉降。试观西湖各处，香灰泥堆积很深，独在西泠桥上，注目俯观，水清澈底，能见岩石，即因水流湍急，香灰泥不能留足之故。

现在西湖情形照上面看来，是由于钱塘江带下泥土淤积，塞住原有的湾口而成。至于西湖生成的年代，离现在有多久，这个问

题，却不容易解决，从历史上眼光看起来，西湖生成时代是很久远。唐代以前，虽则寂然无闻，自从李邺侯、白居易、苏东坡先后服官武林以来，西湖的名就声闻全国。但从地质学上眼光看起来，西湖生成却是很近来的一桩事，在地质学上最近的一个时代。这个时代，就是冲积时代。世界人类的产生，在洪积时代(Pleistocene)的末期，冲积时代的初期，所以西湖的生成，当然在世界有了人类以后。

西湖南西北三面的岩石，统是很老。西北方面如葛岭、宝石山等，系粗面岩(Eiparite or Rhyolite)所构成的。粗面岩是一种火成岩，它的分布在我国南部滨海非常广大。据德国著名地质学家列雪拖芬(Von Richothfen)之考察，自宁波至香港南海一带，斑岩(Porphyry)(粗面岩与石英斑岩是一类的岩石)之多，可称世界第一。这种石英斑岩与粗面岩，是火山所喷出而成的。喷出时期，据美国地质学家威利斯(Bailey Willis)之推测，大概在三迭纪(Triassic)与侏罗纪(Jurassic)之间。

西湖的南部同西部，如九曜山、石屋岭、南高峰以及灵隐等，统是砂岩(Sandstone)及石灰岩(Limestone)所造成的，其中尤以石灰岩分布最广。石灰岩所成的山峰，最足惊心动目的，要算云林寺面前的飞来峰，苍翠玉立，突兀峥嵘，它上面还刻有许多佛像，宛如天成的一座假山。西湖近旁岩洞很多，如玉乳洞、石屋洞等，也是石灰岩生成的。石灰岩与砂岩生成的年代，比北部的粗面岩还要久远，大约在上古时期(Paleozoic Era)的石炭纪(Carboniferous)(三迭纪与侏罗纪离现时约有二万万年，石炭纪则差不多有三万万年)。

西湖南西北三面的岩石虽然很古，但西湖东岸的泥土却是很新，是在冲积时期才成的，我们要晓得西湖生成年代的久远，只要晓得钱塘江排泄的沉淀，把现在杭州淤积为大陆的时候就是了。自从西湖生成以来，钱塘江的三角洲渐渐在海中推广，到现在已达杭州湾口，离杭州省城约有一百二十英里之遥。假使我们去推测钱塘江三角洲每年在海中伸张的速率，那末西湖生成的时代就不难知道了。

钱塘江河身的长短,河域的大小,同欧洲隆河(Rhone River)与坡河(Po River)不相上下,从下面的表里可以看出来:

河名	河身长里数	流域方里数	取源处高度尺数
隆河	510	94800	12000—15000
坡河	418		12608
钱塘江	400	24000	5900

隆河同坡河流入地中海,河口海底深度,同波浪强弱,与钱塘江口情形差不多。独坡河与隆河取源均在阿尔卑斯(Alps)山上,比较钱塘江取源安徽黄山的高度,有两倍多,所以钱塘江三角洲生长速率,应该没有隆河同坡河的三角洲这样快。隆河的三角洲,在1500年中增长十五哩,平均每百年增长一哩。坡河的三角洲在1800年中增长二十哩,每百年增长也差不多一哩。若使钱塘江的三角洲增长同坡河、隆河一样快,每百年增长一哩,要积一百二十哩长的沉淀,就要12000年。照这样算来,西湖的生长,至少在12000年以前了。

第三章 西湖治理概述

一、西湖治理的必要性

杭州是一个濒江带湖的城市，西湖在众多江河中可算是一个年轻的湖泊。在前文“西湖的形成”部分已经说明，西湖原是一个海湾，由海湾而演化成一个潟湖，再由潟湖而变成一个普通的天然湖泊，又由于历代的人工疏浚，再由一个天然湖泊发展为一个人工湖，并成为著名的风景旅游湖泊。

西湖在成为潟湖以后，与大海相隔绝，继而由于周围群山的泉水溪流注入，逐渐演化为淡水湖，变成一个普通的天然湖泊，在溪流挟带的泥沙和大量水生动植物残体的沉积作用下，迅速由潟湖进入沼泽化过程。其后历经泥沙沉淀、生物积累的填充，屡次淤塞。而又由于历代的人工疏浚，再由一个天然湖泊发展为一个人工湖。早在隋唐时期，西湖就有过疏浚治理的记载，此后经历了多次的淤积、干涸、人工疏挖才保存至今。今天呈现在世人面前的青山秀水的西湖，其实是历代疏浚和治理的结果。

湖泊的沼泽化，是湖泊演变的一般规律，任何湖泊都有一个天然的沼泽化发展过程。因为注入湖泊中的河流带来的泥沙不断冲击，年长月久之后，就会慢慢发生泥沙淤积现象。另外，在处于相对静止状态的湖泊中，在光照、温度等条件适宜的情况下，逐渐开始生长喜水植物和漂浮植物。由于死亡的植物残骸不断堆积湖底，在缺氧条件下，分解很慢，植物残体逐年累积而形成泥炭。随着泥炭的增厚，湖水进一步变

浅,湖面缩小。如此,在地质与生物循环的双重作用下,湖底不断变浅,水面逐渐消失,整个湖泊水草丛生,最终由湖泊而变成沼泽。沼泽进一步发展下去,积水干涸,人们开始在那里耕种,于是湖泊就成了田地。这就是湖泊的沼泽化过程,这一过程是自然演替的必然结果,它标志着湖泊的消亡。

历史上浙江曾有不少湖泊,都经历过这种沼泽化的过程。这一地区的许多古代湖泊,如余杭的南下湖、萧山的临浦、绍兴的鉴湖、宁波的广德湖等,从湖泊的面积来说,有的比西湖要大几十倍,但都逃不过沼泽化的演变过程,最终遭遇人为的围垦而湮废,从地图上完全消失。即使就西湖本身来说,如里西湖的茅家埠、金沙港一带,原先应该都属于里西湖的湖面,就是因沼泽化的过程,泥沙淤积,成为陆地的。古代西湖(当时叫钱唐湖)以北还有一个湖泊,与西湖相连:西湖地势较高,所以称上湖;北湖地势较低,所以称下湖。白居易治湖时曾在二湖之间筑了一道堤,提高上湖的水位,增加了上湖的蓄水能力和灌溉用水量。而上湖之水也是通过下湖而流入市河,并灌溉下游的农田的,但这个下湖也早就湮废了。

西湖原是一个天然湖泊,它毗连繁华的城市,又环以群山,特殊的地理形势和风貌,使它比一般的天然湖泊更容易湮塞。西湖的沼泽化过程实际上是相当迅速的。唐代长庆年间白居易任杭州刺史时,距李泌修六井不过四十多年,但湖中已经出现了葑田数十顷;而在他浚湖以后不到一百年,湖面又被葑草蔓合,湖底淤浅,面积缩小。北宋时苏轼曾两次来杭任职,第一次来时,看到湖中葑草蔓合占十分之二三,十六年后再次来杭,看到西湖已有一半都长满葑草了。若按这个速度发展下去,不出二十年,西湖就将湮灭了,可见沼泽化的进度之快。西湖之所以没有走上沼泽化之路,完全是因了历代无数贤郡守带领百姓浚治之故。

因之在其发展过程中,如果没有历代人民不断的疏浚,西湖必然与这个地区其他的湖泊一样早已湮废为农田了。这正是竺可桢先生所说的"倘使没有宋、元、明、清历代的开浚修葺,不但里湖早已受了淘汰,就是外湖恐怕也要为淤泥所充塞了。换言之,西湖若没有人工的浚掘,一

定要受天然的淘汰”。[①] 西湖自成湖之日直至今日，虽经历盛衰，仍以一湖清碧呈现世人面前，要归功于人为遏制其自然沼泽化过程的努力。在其千百年的历史发展过程中，人们不断地对它进行治理和改造，修筑堤坝，疏挖湖泥，清除葑草，修砌湖塝，从而不仅使西湖免于被湮废的命运，而且从一个普通的自然湖泊逐渐演变为一个闻名中外的风景旅游胜地。

那么，既然在浙江、杭州地区，许多湖泊都因沼泽化而消失了，为什么人们不去治理其他的湖泊，而唯独对西湖进行持续不断的修治呢？这就要联系到它所处的地理位置和作用了。

苏轼曾说“西湖之利，上自运河，下及民田，亿万生聚，饮食所资，非止为游观之美”[②]，清代王凤生《浙西水利备考》中也有“深广西湖，为探本之计。不惟潦岁能纳，并资旱岁多潴”之句。可见西湖始终对杭州的民生有着莫大的重要性。

秦代因当时的杭州附近平原地带尚无堤塘，潮汐直薄，土地斥卤，故建郡于狭隘崎岖的灵隐群山之中。西湖在秦汉时，位于县治的东北面。这个时期，钱塘县的用水问题，可以依靠灵隐诸山间的溪涧水来解决，因此在秦汉时，史料中未有对西湖治理的记载。

随着时日的推移，平原地区丰富的水土资源吸引力日增。东汉时开始修建“防海大堤”，[③]说明人们已在平原地区垦殖利用，也说明钱塘县治有可能已迁入了平原。可推测，自秦在西湖群山中设置钱塘县以来，历两汉、三国、两晋和南北朝，县治可能早已迁离山区，渐入平原，西湖遂逐渐由纯粹的造化开物慢慢具备与城市发生关系的条件。

隋代废钱唐郡，置杭州，并将州治迁移到钱塘县柳浦西，就是今天的江干一带，依凤凰山筑城。至隋末，随着江南运河的开凿，已升为杭州州治的钱塘县成为江南运河的终点，又是运河与钱塘江的交汇处，因此，一跃而成为一个繁华的商业城市。城市发展带来生齿日繁，作为城

① 竺可桢：《杭州西湖生成的原因》，《科学》1921年第6卷第4期·现代。

② 苏轼：《东坡全集》卷五七《申三省起请开湖六条状》。

③ 南朝（宋）陆道真《钱塘记》载，据《水经注·浙江水》所引。

市的外围，原城市聚落开始向西湖以东今市区一带扩展。

聚落东渐，首先面临的就是水源的供给。杭州原本是钱塘江和东海的故地，虽经沧海桑田，成了陆地，但地下水还是咸苦不能饮用。在整片斥卤的土地上，井水、河水都是咸的，老百姓只能到西湖去取水饮用，产生了杭州城市对西湖水的依赖关系，这就迫使初期建立的州县不得不紧靠西湖，以缓解供水问题。因此，就民生方面而言，西湖对杭州城最直接的效用即在于生活用水的提供。唐朝初年，杭州人口已超过十万，[①]江干一带土地狭窄，由于人口增多，城市的发展必然要往外扩张，要向今市区一带迁进。这样，西湖开始与城市发生关系，即西湖为城市解决给水问题。而建中二年(781)李泌所修建的“六井”，则是这种城市对西湖依赖关系的集中体现。从六井的分布来看，它们离西湖都不很远，这反映了当时这个地区城市街市的分布紧靠西湖的特征。小小的六个蓄水池虽然只分出西湖水量微不足道的一部分，但其意义却十分巨大，因为西湖对城里居民来说承担着供水的实际意义，是整个城市的淡水库，引湖水到城中的六口大井，满足了居民的日常饮水需要。从六井开始，西湖就成为杭州城市不可分割的部分，以其一湖甘水哺育了城市的生长；反过来，城市的发展巩固了西湖的存在，为遏制西湖沼泽化过程提供了丰厚的物资。

其后长庆年间白居易对西湖的疏浚，则使西湖的性质发生了变化，由一个单纯的天然湖泊发展为人工湖。人工湖泊仍然免不了沼泽化的过程，白居易浚湖不到一百年间，西湖再度淤塞。不过在吴越国统治的八十多年期间，西湖得到了较好的整治，城市与西湖唇齿相依的关系，较之前代更为明显。同时，西湖胜景被作为一种文化延续了下来。

到北宋苏轼时，面临着“更二十年，无西湖矣”[②]的更加严重的威胁。苏轼在其上奏的《乞开杭州西湖状》中提出了西湖一系列的作用，譬如作为放生池为皇帝祈福、灌溉下游农田、满足市河供水、保证酿酒

---

① 《旧唐书》卷四〇《地理志三·江南东道》载：“杭州上……旧领县五，户三万五百七十一，口十五万三千七百二十。天宝领县九，户八万六千二百五十八，口五十八万五千九百六十三。”

② 苏轼：《苏轼全集》第8卷《奏议·乞开杭州西湖状》。

所需水源等等，而其中一条西湖必浚的硬道理是："唐李泌始引湖水作六井，然后民足于水，邑日富，百万生聚待此而后食。今湖狭水浅，六井渐坏，若二十年之后尽为葑田，则举城之人复饮咸苦，势必耗散。"这条理由把西湖的存在与杭州城市的发展紧密联系起来。如果西湖湮废，杭州民众无水可用，势必耗散，城市当然不复存在。因此，六井的修建，始自引湖水以供应沿湖聚落居民，但其结果却成为西湖本身继续存在的关键。

在苏轼的这一奏状中，除了指出西湖水对城市生活用水的提供以外，还提出了两条在当时来说也同样重要的理由，即湖水对城中内河河水的补充作用，以及对下游农田的灌溉。

南宋迁都杭州，杭州因此成为当时全国第一大城市。时人周必大《二老堂杂记》中，记载有"东门菜、西门水、南门柴、北门米"[①]的杭州俗谚；而田汝成《西湖游览志余》也追述了当时城中的基本供应来源是"南柴、北米、东菜、西水"。[②] 可知在南宋时期，西湖仍是杭州重要的用水来源，以致纵然西湖并非城中引水的唯一来源，但仍然留下了"西门水"的俗谚。而南宋各代地方官府对西湖的浚治也确是不遗余力的。

除了提供城中的生活用水之外，对农田的灌溉，也是西湖的一个重要作用。唐代白居易"惟留一湖水，与汝救荒年"的诗句，即已指出了西湖在旱季时对下游数千农田的灌溉之功。

雍正二年(1724)六月，福、浙总督觉罗满保、浙江巡抚黄叔琳上疏称："杭城地当省会，附郭之县仁和在东北，钱塘在西南。自仁和而迤东，则为海宁三县，田亩数万顷，全藉省城上下两塘河水灌溉。而两河之水源，则皆自西湖所流注者也……《旧志》：周围三十余里，水由涌金门入城，纡回环曲，而出于钱塘、武林、艮山诸门。其出艮山门者，入上塘河，由临平而达于海宁。出钱塘门者，由三闸而至松木场、桃花港，与武林门之水共注响水闸，凡湖墅、支河与古荡、西溪沿山十八里之田，皆资其利，有余之水，归入下塘河，而仁和北乡以及钱塘之下八乡实沾荫

① 周必大：《二老堂杂记》卷四《临安四门所出》。

② 田汝成：《西湖游览志余》卷二四《委巷丛谈》。

焉。此西湖水源出入之大概。唐臣白居易所谓'每放湖水一寸,可溉田十五顷。每一复时,可溉五十顷。若蓄泄及时,则濒湖千顷可无饥岁'者,此也。然西湖之所以灌溉利溥者,由湖界直接山脚,沿湖诸山之水,畅流入湖,而无所壅遏。一由山水所来要口,俱设小闸,以阻浮沙,使之不能淤塞,一由上塘五十里外临平镇之西南有东湖,即古临平湖,以为之停蓄。故其来也有源,其去也有归,含泓蕴涵,而无涸竭之患,无泛滥之虞。则西湖与上河、东湖,其利害实相为表里者矣。"[①]这段上疏,相当详细地阐述了西湖水通过城中的河流,灌注到下游农田的具体情况。

如此,作为杭州城市居民主要的饮用水源和杭城以北大片农田的灌溉水源,西湖水的存蓄、保护和合理利用,关系到本地民众的生计利害和社会安定,"譬如人之身有血脉,通则安,滞则患也"。[②] 因此对西湖的保护和治理,受到历代有作为的地方官的高度重视。

除了以上的这些理由以外,西湖作为风景旅游湖泊,秀丽的湖光山水也是决定它不能被湮废的一个主要因素,而且越到后世,这一因素的重要性也显得越突出。特别是从五代吴越国进入到北宋、南宋时,随着杭州成为全国政治、经济、文化中心,西湖又增加了一个新的重要功能——旅游业,被迅速开发为别具一格的风景区。上自官家富豪,下至市井庶民,都需要这样一个公共的休憩大公园。事实上,到元明以后,杭州的地下水质已逐渐变好,不再是斥卤之地了,而下游农田的灌溉,也逐渐不再依赖西湖水源了。此后对西湖的疏浚,特别是清朝以后,主要就是为了观景的需要。

西湖作为风景名胜湖泊的历史并不算太长。古时浙江有三大湖泊——鉴湖、西湖和湘湖。在西湖之前,浙江最负盛名的是鉴湖。据清张岱《西湖梦寻录》卷一《西湖总记·明圣二湖》的记载:"自马臻开鉴湖,而由汉及唐,得名最早;后至北宋,西湖起而夺之,人皆奔走西湖,而鉴湖之澹远,自不及西湖之冶艳矣。至于湘湖,则僻处萧然,舟车罕至,故韵士高人无有齿及之者。"可见,西湖的闻名,是从唐代白居易疏浚以

---

① 方浚师:《蕉轩续录》卷一《西湖》。

② 佚名:《西湖岁修章程全案·序》,《西湖文献集成》第9册。

后才逐渐开始的，到北宋时，就取鉴湖之名而代之了。及至南宋统治期间，西湖已成为远近闻名的游览胜地。杭州此时既是南宋首府，又是商业文化和经济中心，不仅引得国内游客纷至沓来，而且也吸引着遥远的西亚和欧洲的商人、贵族们。因此，对于西湖，只有斥资疏浚整治的理由，却没有任其缩减消亡的道理。

如此，同一地区其他湖泊的湮废，增加了各地的耕地，发展了地方的农业生产；而西湖却因其复杂的政治、经济、文化等原因而独存于世，为今天创造了举世闻名的旅游资源。时至今日，西湖已经成为杭州现代化旅游业发展中最重要的核心。如今，广大市民的生产、生活早已不再依赖西湖水的供给，但湖山资源在旅游上给与人们的贡献，将超过历史时期对于城市供水的功绩。纵使西湖至今也没有停止过淤积湮塞的进程，但依靠今天的技术水平和技术条件，防止西湖沼泽化的发展已不再是难题。

历代对西湖的整治与疏浚，是使西湖今天能成为著名风景湖泊的重要原因。早期疏浚西湖完全出于农田灌溉与杭州人民生活饮用之需，嗣后经历代整治疏浚，始具装点湖光山色之作用。因此，西湖的历史，基本上就是不断淤积和疏浚的历史，假如没有一次次的疏浚，西湖早已成为平陆。而先人的高明之处还在于，这些疏浚出来的淤泥恰恰被用来造就了西湖的景观。

二、历代西湖治理的主要举措

疏浚西湖，对于杭州和西湖本身的好处是不言而喻的。但是由于西湖聚环湖“南北诸山之水，汇七十二泉之源”，因此易受季节及气候的影响。“春暖则葑草蔓合，雨骤则沙石冲击”[①]，所以沼泽化的速度相当快，虽屡加开浚，但旋即淤积，只要有几十年的时间未加疏浚，葑积的情况就非常严重。而且从历史上来看，开浚西湖，常常会面临很大的阻力，遭到许多人的反对，而且也非常费工费钱费时，可以说是一件需要

① 佚名：《西湖岁修章程全案·序》，《西湖文献集成》第9册。

任劳任怨的事,甚至还有人因此而间接丢了官,所以前人才有"非有廉毅之才,豁达之度者,不能举也"[①]的感叹。北宋苏轼疏浚西湖时,"既疏利害于朝廷,复具申三省,筹划明悉,无可摘索",而御史贾易还是弹劾他"科骚部内,以事游逐"。虽然这次弹劾未被采纳,但宰臣仍两次请求罢免他的官职。到了明朝杨孟瑛时,终以锐意行事,清理被圈占的西湖田地而"为豪右所忌",最终被罢了官。[②] 从清末道光年间的疏浚过程看,浚湖的申请程序也非常繁琐,公文往往复复数十道,对于具体的操作方法需要一遍遍地重复确认,非常耗时耗费精力。因此历史上每一次的西湖疏浚,都是一件兴师动众的大事,不仅史书上要大书一笔,而且主持疏浚的官员一般都会青史留名,百姓对他们也会深怀崇敬之情。

从前历代对西湖的疏浚,主要着眼于对湖泥的疏挖和修筑堤坝、清理侵占等方面的内容。在张建庭主编的《碧波盈盈——杭州西湖水域的综合保护与整治》(下文简称《碧波盈盈》)一文中,对唐代到民国年间一千多年西湖水域的维护与治理,从方式、方法和手段上作了一个全面的总结,指出历代对西湖的治理,大概可以总计为九方面的举措。这九条总结,基本上涵盖了历代对西湖治理的举措,故引录其原文如下:

1. 筑堤捍湖

唐代白居易在西湖东北隅筑堤阻止湖水外溢,依时蓄、泄,维持了湖水蓄量的稳定,确保了西湖水体的长存。

2. 人工疏浚

这是历代保护、整治西湖水域的主要方法。规模较大的有北宋苏轼,明代杨孟瑛,清代李卫、王钧等,其余局部疏浚更是不计其数。

3. 专一开浚

始于五代吴越国王钱镠在位时,即建立常设机构,配备专职人员对

① 田汝成:《西湖游览志余》卷二四《委巷丛谈》。

② 厉鹗代王钧撰:《开浚西湖碑记》。

西湖施行浚、治结合的常年维护。历史上凡社会处于上升、发展的时期均有之且成效显著。

4. 设置版闸

在西湖溪涧水道口铸造闸门，量度水势加以调节，遏制浮沙及污物入湖。

5. 建造滚坝

坝址分别位于赤山埠、丁家山、茅家埠和金沙港，以水势好大的金沙港滚坝为最。清雍正年间(1723—1735)所筑高五尺，阔二丈四尺，两岸有大石块砌墈。坝内开挖贮沙池，深度达十丈，用以积贮流沙，随时清除。坝外另筑闸门调节涧水的流速、流量。

6. 严加禁约

自白居易撰《钱塘湖石记》立示湖畔以来，历代有识官吏皆仿效之。这既强化了规章和宣传，又有利于查处违约人事。

7. 疏导溪流

西湖水源好坏，直接影响水质，历代凡重视西湖保护者均将水源疏导一并纳入整治。

8. 绿化美化

历代治湖，均能顾及西湖水域的环境治理，并且认识到植树、栽花、种草，“岂止饰游观、追啸傲也，所以坚堤堑、翼根基”。

9. 引水应急

历史上遭遇大旱而通过人工引水补充西湖蓄水量，如南宋淳祐七年(1247)。

然而,今天的西湖,除了原来的淤泥、葑草等问题外,又面临着一个历史上前所未有的严峻局面——湖水的富营养化问题。湖泊水质的富营养化是一个世界级的治理难题。所谓富营养化,是一种氮、磷等植物营养物质含量过多所引起的水质污染现象。在自然条件下,随着河流夹带冲击物和水生生物残骸在湖底的不断沉降淤积,湖泊会从贫营养湖过渡为富营养湖,进而演变为沼泽和陆地。本来这是一种极为缓慢的过程,但由于在现代化社会中人类的活动,将大量的工业废水、生活污水以及农田径流中的植物营养物质排入湖泊中。由于水体当中的氮、磷等指标偏高,在湖水相对静止的状态下,水生生物特别是藻类由于有充足的营养,容易大量繁殖,使湖水中生物的种群种类数量发生改变,破坏了水体的生态平衡。数量众多的水生生物死亡后沉积到湖底,被微生物分解,消耗大量的溶解氧,使水体溶解氧的含量急剧降低,水质恶化,导致水体出现透明度降低、藻类异常繁殖等现象,影响水体的生态环境,以致影响到鱼类的生存。而在湖泊出现富营养化时,由于浮游生物大量繁殖,往往使水体呈现蓝色、红色、棕色、乳白色等。藻类遮蔽阳光,使湖泊中的底栖植物因光合作用受到阻碍而死去,腐败后放出氮、磷等营养物质,再供藻类利用。这样年深月久,造成了恶性循环,并最终影响湖泊的继续生存。

前些年,由于西湖水质污染不断加剧,富营养化程度日益加深,因此多次被评为劣Ⅴ类水质。从1997年到2009年,根据浙江省以及中国环境状况公报对西湖水质的评价,基本是处于Ⅴ类或劣Ⅴ类的水平,最好的年份也只是Ⅳ类,其主要的表现就是水体中总氮和总磷的指标偏高。因此近年来对于西湖的治理,除了疏浚、建坝等措施以外,还有引水、泄水、湖面保洁等一系列综合保护工作,其最终目的是建立西湖生态系统的和谐与平衡,以走上良性循环的发展轨迹。

三、华信筑堤开治理的先河

根据文献资料的记载,最早对杭州的水利进行治理的人是东汉时的华信。

华信，史籍未详载其生平，今日只能从流传下来的极其有限的文字记载中，得知他是东汉时人，曾任会稽郡(今浙江绍兴)议曹。在汉代，议曹是地方郡守的属吏，协助郡守进行日常的政务工作。

在东汉时，钱塘县已有一定的发展，经济也比较发达，但是县境南面濒临钱塘江，汹涌澎湃的钱塘江潮来势凶猛，经常侵入城内，严重影响了老百姓的生活和生产。根据南朝刘宋元嘉间(424—453)曾任钱塘县令的刘道真《钱唐记》的记载，当时为了根治这一灾害，守护地方百姓的安宁生活，抵御潮水的冲击，以议曹华信为首的有识之士，开始向县内一些有钱的大户募集筑堤用的资金[①]，然后用这些钱招募百姓运土石到"县东一里许"的钱塘江边，用这些土石在西湖与江海之间修筑起一道捍海塘，用以阻遏潮水的入侵。捍海塘修筑成后，海水再不能进入城中，从此西湖终于与大海完全隔绝，成为一个内湖。据刘道真《钱唐记》的记载："防海大塘在县东一里许。郡议曹华信家议立此塘，以防海水。始开募，有能致一斛土者，即与钱一千。旬月之间，来者云集。塘未成而不复取，于是载土石者，皆弃而去。塘以之成。"[②]即官府在最初招募百姓时，许诺每运土石一担到指定的江边，即给铜钱一千。于是当地百姓纷纷肩挑车推，蜂拥运土石到钱塘江边，在短短的几个月时间，便筑成了一条捍海塘。如此，城市免除了潮水的威胁，原先在灵隐山下的县治也迁移到东部平原地区，使城市的社会经济得到了进一步的发展。

关于华信所筑捍海塘的具体位置，自古以来就有不同的看法。清代学者陈文述认为在钱塘门至清波门一带。[③] 而现代著名历史地理学者魏嵩山先生则认为此塘"当沿今中河一线"。[④] 也有学者认为，"当在钱塘门至清波门一带，大致北起西湖东北宝石山脚，南至西南万松岭下，相当于今湖东湖滨路、南山路一线"。更有人认为它是从葛岭东麓

① 陆贾《新语》卷三《雅量篇》注引《钱唐记》："县近海，为潮漂没。县诸豪姓敛钱雇人，辇土为塘，因以为名也。"

② 引自郦道元《水经注·浙江水》。

③ 陈文述：《西泠怀古集》卷一《钱塘怀华信》

④ 魏嵩山：《杭州城市的兴起及其城区的发展》，《历史地理》1981 年 11 月创刊号。

往东修建,又拐向南面,作圆弧状延伸,跨过两个沙州,又往西从吴山的北侧插到凤凰山、玉皇山脚下,全长不少于五千米。

在杭州、西湖的发展史上,华信率先开创了治理钱塘江和西湖的先河,可以说是杭州西湖治理的第一人,自从他筑塘以后,西湖(钱唐湖)才最终与钱塘江隔开。而事实上,华信的功劳还不止这些。由于华信筑的堤挡住了钱塘江的潮水,堤内的钱唐湖以东的沼泽地以及其他群山水流流不到的潟湖,反而干涸而变成陆地。而在堤外,潮水带来的沙子,更容易堆集在堤的旁边而扩大了沙洲,使得现在杭州市区的陆地面积也越来越大。这样原先住在钱唐湖西面、武林山麓的商贾和人家,就渐渐地从狭窄的小山沟迁到了钱塘江江岸地区,进一步又迁到了广阔的湖东地区。因此,清人陈文述在《西泠怀古集·钱塘怀华信》中称:"……《元和志》云华信汉时为郡议曹。按杭州本江水沮洳之地,信之所筑,即今钱塘门至清波门一带,江湖始分,涨沙渐远,自居易筑白堤,崔彦曾开沙河,至钱武肃射潮筑塘而郡始立,则信实杭之第一功臣。"

华信以后,再次对西湖的治理大概要到唐代了。根据现代《西湖志》卷一《西湖·整治疏浚》[①]的梳理来看,自唐至清,西湖曾经历过上百次疏浚,其中较重要的疏浚共有二十三次,其中相隔百年以上有三次,最长时间为一百六十八年;相隔二十年以下有七次,最短时间为八年。宋代三百多年中共疏浚七次,平均约五十多年一次;明代近三百年中为七次,平均四十年一次;而清代自顺治九年(1652)至光绪二年(1876),两百多年中共疏浚了十一次,平均二十年左右一次。

---

① 杭州市园林文物局编,施莫东主编:《西湖志》,上海古籍出版社1995年版。

第四章 唐、五代对西湖相关的治理

华信修海塘，其主要目的是为了防御海潮，捍卫杭州城市的安全，而对于西湖，并未作直接的治理，最多只能说由于海塘的筑成，促进了西湖的发展。根据史料的记载，真正对西湖进行具体的治理措施，是从唐代白居易开始的。而在白居易治理西湖之前，李泌修建城内“六井”的举措，则是史料记载中最早对西湖水的利用。

一、李泌修六井

开杭州、西湖水利建设之先的是唐代杰出的政治家、大谋略家李泌。李泌(722—789)，字长源，唐陕西京兆(今陕西西安市)人。历仕玄宗、肃宗、代宗、德宗四朝，德宗时，官至宰相，封邺县侯，世人因称李邺侯。大历年间(766—779)，李泌因受到代宗的重用，又不肯依附权贵，因此接连受到权臣的排斥，先是为权相元载所忌，将他外放到江西。大历十二年(777)，元载被诛，李泌被召回，却再一次受到权臣常衮的排斥，先被放到澧朗峡(在今湖南省澧县)当团练使，不久，就调任为杭州刺史。[1]

当时的杭州，随着社会经济的发展，城市在不断扩大，西湖东面的城区人口也在不断增加。但杭州城区是由浅海湾演变成的陆地，虽然号称水乡，地下水却十分咸苦，不能直接饮用，老百姓只能到西湖中取水，生活十分不便。

---

① 《新唐书》卷一三九《李泌传》。

李泌向来对地方的水利情况比较关心，他在任陕虢观察使期间，就曾派人挖山开路，以便饷漕。来到杭州后，他首先就对当地的市情作了调查了解，在得知杭州百姓的用水之苦后，亲掬西湖水品尝，感到此水可以养民。于是，为了解决城内居民饮用淡水的问题，他创造性地采用从地下引水入城的方法，组织民工在人口稠密的钱塘门、涌金门一带开凿了六口井。这六井，与常见的普通水井不同，而是一种很有创造性的蓄水池。首先，他命人先在西湖东岸进行局部疏浚，然后在疏浚过的湖底挖了入水口，砌上砖石，外面打上木桩护栏，在水口中蓄积清澈的湖水。在有的地方还设有水闸，可以随时启闭。然后采用"开阴窦"的方法，掘地为沟，沟内砌石槽，石槽内安装竹管（至北宋改用瓦筒），将西湖水通过竹管引入城内挖好的六井中。整个系统由入水口、地下沟管、出水口三部分组成。因此六井名字叫"井"，实际上是六个大蓄水池，里面蓄积的是通过管道引来的清澈的西湖水。

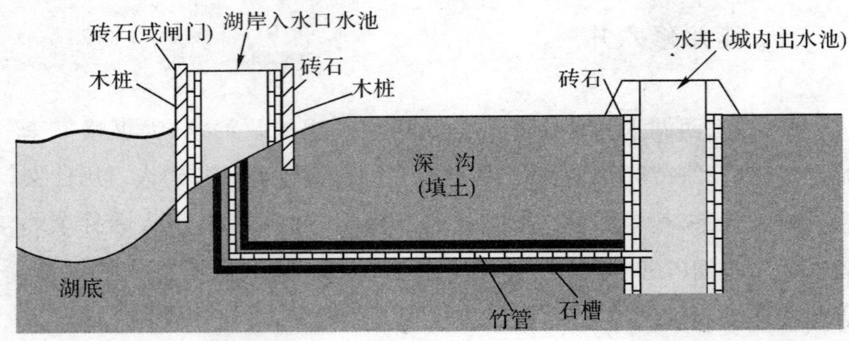

引水设施示意图（杭州西湖博物馆提供图片资料）

六井中最大的为相国井（相国即指李泌，因其曾官至宰相），在甘泉坊清河中，今天的井亭桥一带；其西面是西井，又叫化成井；相国井的西北面是金牛池，或叫金牛井；金牛池再往西北向沿着湖岸修建的是方井，俗称四眼井；而白龟井则又继往西北，在钱塘门里，即原先的钱塘县治旁，今天的龙翔桥附近。关于白龟井，后来南宋咸淳年间治理过六井

的临安知府潜说友曾说,“此水不堪汲饮,止可防虞”。[1] 后来清人许承祖也有记载,“不堪汲饮,止资洗濯”。[2] 但是在苏轼的《钱塘六井记》中并未提及白龟井不堪汲饮,据此估计至少在北宋苏轼时,白龟井水应该还是和其他几口井一样清澈的,只是到了后世井水才逐渐变得浑浊不能饮用了。小方井在最北面,俗称六眼井,在钱塘门内,即今小车桥一带。历经千余年的风霜,现在六井已大都湮没,仅相国井遗址还在解放路井亭桥西。

这是一个非常有创意的城市给水系统。六井的修建,解决了城中居民的日常用水困难,疏通了城市发展的瓶颈,使杭州的城市区域不再局限于南部的山麓地区,而是逐步向城北开阔地带拓展,渐渐地从一个边地小郡发展成为东南部的繁华名郡。从此以后,“井邑日富,百万生聚,待此而后食”[3],六井为杭州城的繁荣创造了条件,西湖也因民生所系而变得日益重要。李泌以后,后世的杭州地方官吏都将解决城市居民的饮水问题作为疏浚西湖的一个重要理由。因此,六井的修建,起初无非是引西湖之水供应杭州百姓的生活之需,但其结果却成为西湖自身能够继续存在的关键。

在修六井以外,李泌又修建了石函三闸以蓄泄湖水。杭州历来春夏多雨,湖水经常泛滥。为了解决湖水易满溢的问题,李泌乃于钱塘门外凿石函,修建了石函三闸:一名圣塘闸,一名涧水闸,一名石函闸,以分西湖之水。石函可以随时启闭,平时关闭着,当西湖水位升高时,便开启石闸,使湖水北流以泄之,使城中免受西湖水溢的影响。当地百姓为了感谢李泌之恩,特意在涌金门内为他立祠以作纪念,后称为嘉泽祠。明代杨孟瑛时,扩建白苏二公祠为“四贤祠”,使之与白居易、苏轼、林逋并受祀,以纪念他对杭州人民的功劳。

---

① 潜说友:《咸淳临安志》卷三三《山川十二·六井》。

② 许承祖:《雪庄西湖渔唱》卷六《吴山路·六井》。

③ 苏轼:《东坡全集》卷五七《杭州乞度牒开西湖状》。

六井始末:

由于六井对于杭州城市发展所具有的重要作用,因此从唐朝李泌开始一直到两宋,杭州的地方官和统治者无不将浚湖凿井作为重要事务。

李泌修六井四十多年后,由于湖水中所含泥沙的堵塞,六井与西湖的输水管道已经严重淤塞。长庆年间白居易知杭州时,在疏浚西湖之前,首先就派人疏通了六井。这次疏通的主要内容是"重甃逐笕",即把西湖通往六井的输水管重新调换了一遍,使井口出水更多,大大缓解了城中居民的用水困难。他还在《钱塘湖石记》中向后任者交代,"(六井)与湖相通,中有阴窦,往往湮塞,宜数察而通理之,则虽大旱而井水常足"。

唐以下至五代,钱镠祖孙三代都以杭州为都城建吴越国。钱镠和他的继承人不仅再次疏通六井涵管,使西湖水源源不断流入六井,还在杭州各地另凿新井,供民饮用。杭州的"百井坊巷",传说原来有井九十九眼,就是钱王开的,故称钱王井。后来钱王的第七子元瓘命金华将军曹杲在城内新增了三处水井,仿照李泌修六井的方式,引西湖水入城,为"涌金池",便利居民汲取饮用,并可便舟行。

北宋时期,城区的地下水已逐渐淡化,可以用作饮用了,因此引西湖水之井与地下水井并用。六井中的金牛井很早就湮废了,到北宋仁宗嘉祐五年(1060),知州沈遘为满足城内居民日益增长的生活用水需求,在六井南面人口较集中的美俗坊,又新凿了一口供水量特别大的南井,引西湖水入城,便民饮用,后人称之沈公井,又名惠迁井。

神宗熙宁中,六井及沈公井皆废,知州陈襄遂派人检查六井的源流,并选派僧人子珪、仲文、如正、思坦等修浚了钱塘六井及沈公井,由于方井"近于浊恶",出水口附近比较脏,所以将它稍稍往西面移动了一些。后来叶祖洽撰《先生行状》(《陈襄行状》)曰:"杭虽号水乡,而地斥卤,可食之水常不继,唐相国李长源旧为六井,引西湖以饮民,井既久废不修,水遂不应民用。公命工讨其源流,渫而之,井遂可食,虽遇旱岁民用沛然,皆诵佛以祝命。"苏轼还特意为此次疏通六井之事,撰写了《钱塘六井记》,一一标明了六井的位置和在西湖中对应的水口,以及这次

疏通的具体经过。

苏轼在熙宁年间通判杭州时，曾和知州陈襄一起修治过六井。元祐四年(1089)出任杭州知府，在治理西湖之前，首先就于元祐五年疏浚了运河，彻底修理了六井和沈公井。在修缮六井的同时，又新凿二井，“控引余波，至仁和门外，及威果、雄节等指挥五营之间，创为二井，皆自来去井最远、难得水处。西湖甘水殆遍一城”[①]，以满足居民的饮用水之需。

南宋定都临安(杭州)，城市进一步扩大，又络绎新开水井数百口。对于六井，乾道、淳祐、咸淳间，安抚周淙、赵与篙、潜说友等人都相继修治过，并各撰记志其事。

乾道五年(1169)，临安知府周淙在治理完西湖后，又修葺了六井。他首先重筑治理北宋知府沈遘所开的惠迁井，改用新石，重筑坚厚高广，过昔数倍；接着修治唐代李泌六井，修完六井后，继又修浚城内其余尚有泉水的古井，为城内居民饮水提供了方便，受到百姓的赞誉。

淳祐七年(1247)，临安知府赵与篙针对六井之水逐渐混浊、有碍饮用的情况，将六井的入水口开掘得更为深阔，以便蓄积更多的井水，供都城内居民的日常饮用。从涌金门至钱塘门一带的荷荡，正是六井的水口，为了澄滤湖水，他又支拨三万贯钱，花巨资买回被占据的这一段地方，加以修治，以保持六井水源的长年清洁。

咸淳六年(1270)，知府潜说友对六井又作了一次修治。他首先摸清了西湖水口的污秽情况，为了保证水口的清洁与导水石渠流畅，对六井的水口及水渠“壅者疏之，狭者光之，石渠之圮者改造之，堤岸之夷者陪筑之”[②]，使六井又焕然一新了。

元明以来，钱塘江主干道离城区渐行渐远，杭州的地下水质已逐渐变好，城区向东扩展，市民不再依赖西湖水，水井随聚居而任意开挖。由于人们就地掘井涌出的井水也能饮用，原有六井的功能遂渐渐减退了。到了明代，城中诸井无虑数万，已基本上不需依赖六井。六井中的

① 苏轼：《东坡全集》卷五八《乞子珪师号状》。

② 卢钺：《咸淳重修六井记》，《咸淳临安志》卷三三。

四口井都已坏废，只有相国井和西井还存在。到了清代，相国井和西井也都废弃而被填埋。至此，唐开六井全废。

关于六井的始末，清代《湖山便览》有这样的综述：

> 六井皆在城内，应皆有导入之所，而志载水口仅三，白龟则坏为浊池，金牛竟至全废……知州陈襄重围渫治，且迁方井少西，苏轼为倅，详记其事，刻石相国井亭上。及元祐中出守，南井已坏，乃更为规画，用瓦筒石槽以易竹管，并他井皆致力焉。乾道安抚周淙仿苏遗法，重修诸井。时旧记已漫漶，复砻石刻之，且自为记附其后。淳祐安抚赵与𥲅清理水口。咸淳安抚潜说友修复石篇，治井之事自此而止。元、明以来，言水利者不闻复及于井……国朝……仰水之众倍于昔时，而杭城随处凿井，皆得甘泉。盖古者江与城近，捍御偶忽，碱水每每奔溢入城，而民患斥卤。今……江海效顺。皇上复以塘工重务，……金堤百里，隔越咸水，永不侵城。是以输汇得宜……①

辛亥革命杭州光复后，人们在井亭桥畔相国井原址处用红砖砌了一个大井栏，留下了一个相国井的标记，使后人记住李泌的功绩。1987年，杭州市政府在原址修建了相国井井圈护栏，并在旁边立石碑记其事。相国井被列为杭州市重点文物保护单位。

二、白居易筑堤修湖

李泌以后，他的后任"只管催刻，并不问及民间疾苦，日积月累，遂致六井依然湮塞，民间又饮咸苦之水，生聚仍复萧条"。② 直到穆宗长庆年间，杭州才迎来了对西湖的治理作出卓越贡献的大诗人白居易。

白居易(772—846)，字乐天，晚号香山居士，祖籍太原(今山西太

---

① 翟灏、翟让辑：《湖山便览》卷一《纪胜·六井》。

② 陈树基：《西湖拾遗》卷三《白香山重开镜面》。

原),曾祖父时,迁居下邽(今陕西渭南北)。他在少年时随家人避乱江南,曾到过杭州。据其《吴郡诗石记》的记载:"贞元初,韦应物为苏州牧,房孺复为杭州牧,皆豪人也。韦嗜诗,房嗜酒,每与宾友一醉一咏,其风流雅韵,多播于吴中,或目韦、房为诗酒仙。时予始年十四五,旅二郡,以幼贱不得与游宴,尤觉其才调高而郡守尊,以当时心言,异日苏、杭苟获一郡足矣……"从小就向往能到杭州和苏州做官,后来也果然一一如愿了。

白居易为人耿介正直,敢于上书直谏,并曾因此而被贬江州,但终不改其性。长庆二年(822)十月,年过半百的白居易由于"累上疏论事,天子不能用",积极上书议政而终不被唐穆宗所采纳。加上当时朝廷中朋党倾轧,使他深感仕途险恶,遂主动请求外任,很快就得到同意,以中书舍人的身份出为杭州刺史,至长庆四年夏离任。官场失意的他在看到西湖山水时,精神为之一振,到杭州的当天,就迫不及待地写了《杭州刺史谢上表》,从此开始了这位大诗人与美丽西湖的千古佳话。

在任期间,白居易在杭州的政绩多不胜数,但其中最突出的是疏通六井和治理西湖。他兴修水利,拓建石函,疏通了李泌四十多年前开凿的六井。接着他又疏浚西湖,修筑堤坝水闸,增加湖水容量,解决了钱塘(杭州)至盐官(海宁)间农田的灌溉问题。

白居易非常重视西湖对杭州城市的重要作用。他初上任时,正是西湖日渐淤塞,湖水干涸,农田苦旱,人民生活和城市发展受到严重影响的时候。特别是自长庆二年至长庆四年七月,杭州一直久旱无雨,农业生产遭受严重损失,西湖水位也大为降低,无法往外引水,使运河水浅,城内外的物资无法运送。迫于严重的旱情,在多次祈雨无望的情况下,为了改善杭州百姓的生存状况,也为了解决下游农田的水利灌溉问题,白居易本着为官一任,造福一方的宗旨,冲破重重阻力,决定整治杭城的水利以抗旱。

他的主要举措是整治西湖,筑建湖堤。

当时由于西湖泥沙淤积,造成湖床抬高,蓄水量大为减少。城东北直至海盐一带的上塘河沿岸仰湖水灌溉的千余顷粮田,由于湖水不足,一到夏秋,常闹旱灾,影响了农业收成。在对西湖进行深入细致的调查

研究以后，白居易总结出“凡放水溉田，每减一寸，可溉十五余顷。每一复时，可溉五十余顷”。[①] 于是，他决定疏浚西湖，筑堤建闸，以增加湖的蓄水量，遂由石函桥筑堤，迤北至余杭门（即今天之武林门），“外以隔江水，内以障湖水”，这就是白居易所修的“白堤”。他特意将湖堤修筑得比原来的湖岸高上数尺，加大湖深，扩大湖区，增加了西湖的蓄水量，以供旱时的农田灌溉。由于这条堤的修筑，把钱塘湖（又名上湖，即今天的西湖）和它东侧的下湖（今已淤积为平地）完全阻绝开来。钱塘湖由于有灵隐诸山溪水的汇入，加上历代的疏浚而保留下来，并日益向风景名胜湖泊发展。而下湖和钱塘湖隔绝后，没有来水的补充，并由于湖泊的沼泽化而日益淤塞，最后变成了平地。在筑堤以后，他又担心湖口上水位高，容易泄走，便设立水闸，把湖水贮蓄起来，按时启闭。同时还要求地方官员利用春天多雨的机会，将这一季的降水尽可能地蓄积起来，不让其无谓地流失，如此，既可保证城内百姓的生活和生产用水，又能调节雨季和旱季的水量。

但是，这一利民之举却受到了当时钱塘县地方官吏的极力反对。当时有流言说，“决放湖水，不利钱塘县官”。因此这些反对者说，决放湖水，则“鱼龙无所托”，又说“茭菱失其利”，甚至还危言耸听，说“放湖水即郭内六井无水”，极力阻止对西湖的治理。对此，白居易逐一作了批驳，并反问道：“鱼龙与生民之命孰急？茭菱与稻粱之利孰多？”并进一步指出：“湖堤高，井管低，湖中又有泉数十眼，湖耗则泉涌，虽尽竭湖水，而泉用有余；况前后放湖，终不至竭。而云井无水，谬矣！”

白居易在唐代修筑的这条湖堤，对西湖的发展来说是划时代的。因为，从此以后西湖的性质就发生了变化，从一个天然湖泊演变成一个人工湖泊。而他在任职期间所营建的西湖胜景，也成为日后历代贤牧良守为西湖的存留奔走呼告的一个文化层面的原因。

除修筑西湖湖堤以外，白居易在杭州所进行的另一项重要的水利工作便是浚复六井。在李泌修六井以后，至此已四十多年，城内的六井由于岁久失修，常常出现缺水的现象。白居易在经过考察后发现，缺水

① 白居易：《白氏长庆集》卷六八《钱塘湖石记》。

的重要原因是“阴窦往往湮塞”,即引水管道不通,导致湖水不能顺畅地输送到井下。因此他又重新浚治了六井,疏通了送水管道,如此,“虽大旱而井水常足”,保证了城里居民的正常用水。同时通过城内的输水管,还可以将湖水引入运河,再顺势流入需要灌溉的下游农田。[①]

修湖竣工后,白居易还特意用浅显易懂、口语化的文句作了《钱塘湖石记》,详述湖水保护管理的重要性和实施办法,刻石于湖畔,给后任者留下了几项管理西湖的须知事项。在这篇记中,他首先写明蓄放西湖水的标准和具体的操作步骤,指出放湖水溉田要定时定量;若遇到岁旱之时,要简化手续,及时放水灌溉。同时说明加高堤坝可以增加西湖的蓄水量,可足够下游农田的灌溉;除灌田外,还可以补充城内官河的水量,以利杭州城内的水运交通。另外还指明了保护堤坝的方法。第二,驳斥了所谓放水不利的说法,指出西湖放水灌溉农田利多弊少,并不会对城内居民的生活造成影响。第三,告诫后任者要常疏通六井的引水管道,以免湮塞,保证六井用水的充足。第四,交代了为避免相关利益者偷放湖水,要经常巡检函闸的封闭筑塞,以防盗泄湖水,以得私田。最后,说明了湖水水位过高时,泄水防溃堤的具体步骤。

《钱塘湖石记》可以说是历史上第一部关于西湖的管理法规。而且后人从此记中也可以看出白居易和李泌在利用西湖上的不同点,即,如果说李泌的利用西湖主要是着眼于城内百姓的饮水问题,那么白居易则更注意到农田的灌溉,从这种意义上说,他比李泌又进了一层。

在治理西湖、疏通六井之余,白居易对西湖景观的改善也做了很大的贡献。明人张岱在《西湖梦寻》卷一《西湖北路·玉莲亭》中曾记道:“白乐天守杭州,政平讼简。贫民有犯法者,于西湖种树数株。富民有赎罪者,令于西湖开葑田数亩。历任多年,湖葑尽拓,树木成荫”,“倚窗南望,沙际水明,常见浴凫数百出没波心,此景幽绝”。当时白居易在杭州做官,政务清平,打官司的人不多。凡有穷人犯法者,罚他在湖边种树;富人要求赎罪的话,令他在湖上开垦几亩葑田。如此,他在任几年

① 雍正朝《西湖志》卷一《水利一》:“甃函笕以蓄泄湖水,溉田千顷;又引入运河以利漕。”

后,湖边田茂林荫。如倚窗南望,沙滩外湖波粼粼,野鸭戏水,景色极为幽雅。而玉莲亭的取名,也是因为杭州居民“以其洁似莲,其白如玉,为立祠祀之”[1],以旌其高风亮节。

在白居易的带动和影响下,西湖的旅游业也逐渐兴起。最初来湖边游玩的还只是本地的老百姓,随着西湖的名声渐渐外扬,遂引致外地的游人也竞相前来,西湖的美名开始日渐传诵了。

在杭州期间及其后,白居易除了《钱塘湖石记》外,还作有《冷泉亭记》,介绍了冷泉亭景色之宜人,为杭州灵隐附近景点之最。另外,还作了很多描写西湖名胜的文章,以及咏叹西湖的诗文两百多首,是历代书写西湖诗篇最多的诗人,开启了日后歌咏杭州西湖的新风气。

长庆四年(824)五月,白居易任满离杭,离开时他为杭州人民留下一湖清水,一道芳堤,六井清泉,二百多首诗。当他离开时,老百姓扶老携幼,箪食壶浆,倾城为他送行。依依惜别时,白居易回赠了一首《去杭郡诗》:“税重多贫户,农饥足旱田。惟留一湖水,与汝救凶年。”他的“官历二十政,宦游三十秋,江山风与月,最忆是杭州”[2],和“江南忆,最忆是杭州,山寺月中寻桂子,郡亭枕上看潮头,何日更重游”[3]等吟咏杭州的名句,千百年来早就成了脍炙人口的诗句。

白堤:

今天人们往往误认为西湖上的白堤为唐代白居易所修,其实白居易主持修筑的堤坝,当时称为“白公堤”,在钱塘门外,并非现在的白堤,其具体堤址即上述由石函桥至余杭门一线。如雍正朝《西湖志》卷七《白公堤》作:“在钱塘门北。由石函桥北至余杭门,筑以蓄上湖之水,渐次以达于下湖……谨案此堤当名白公堤,实白公所筑,与白沙堤绝不相涉。今石函桥外,堤迹犹存,而白公之名竟泯矣。特拈出之。”因此白居易所筑的白公堤和今天所谓“苏堤”、“白堤”的白堤不是同一条。对此,

---

① 夏基:《西湖览胜诗志》卷三《乐天书院》。
② 白居易:《白氏长庆集》卷三六《寄题余杭郡楼兼呈裴使君》。
③ 白居易:《白氏长庆集》卷三四《忆江南》。

《湖山便览》中也有说明:“白公堤在钱塘门外,由石函桥迤北至余杭门,旧湖水东溢,与江流通。唐白居易筑此堤隔绝江水,堤以东号为下湖。蓄上湖之水,渐次达下湖,以灌民田,杭人利焉……石函桥外,堤迹尚存,今人多以白沙堤为白堤,误也。”[①]清乾隆时人许承祖也曾说过,白公堤“与白沙堤绝不相涉。今桥外堤迹犹存。人罕知者,徒以白沙堤误称白公。而于公所筑之堤,反莫能指说,殊失其实”。[②]

如今白公堤遗址早已漫漶无存。今天所说的“白堤”在白居易筑堤前已存在,叫作“白沙堤”,历史上也曾被称作“捍湖堤”、“沙堤”、“孤山路”、“断桥路”、“段桥路”、“断桥堤”、“孙堤”、“十锦塘”,等等。其名称大略是,唐代称白沙堤,宋代开始称作孤山路,至明代万历中钱塘令聂心汤编县志,从俗称白公堤。此堤从断桥起,经孤山,至西泠桥止,长三里多。南宋《咸淳临安志》卷三二载:“在孤山之下,北有断桥,南有西林桥,其西为里湖。乐天诗‘谁开湖寺西南路,草绿裙腰一道斜。’自注云:孤山寺路在湖洲中,草绿时望如裙腰。”此堤将西湖一分为二,堤的南面叫外湖,北面叫北里湖,以与苏堤以西的里湖相区别。

南宋咸淳年间,当地郡守在堤上修建了三座亭子。元代由于里湖一带集中分布着众多的蒙古贵族别墅,普通百姓不许在白堤上往来。也因为如此,白堤得不到及时的整修,再加上湖水不断啮蚀,堤岸渐渐变窄,日积月累,到元末,此堤已衰败不堪了。明代正德年间,杨孟瑛治理西湖时,取疏挖出来的湖中淤泥葑草修补堤面,增阔增高,并在堤上列植万柳,白堤才稍稍恢复了旧观。至万历中,太监孙隆又捐巨资加以修筑。经过整修后的白堤,长达三里,横阔三丈,四周用石块堆砌,堤面上铺上沙子,两边又杂植四时花木,并在堤上重建了望湖亭,又新建了锦带桥和垂露亭。新修的白堤兴盛不输苏堤,四时花团锦簇,游人行走堤上,两旁的美景应接不暇,故又俗称为十锦塘。杭州人为了感谢孙隆对白堤的贡献,因此又曾称之为孙堤。明清之际,白堤和苏堤都遭受重创,两堤上的垂柳都被砍伐。此后,康熙和乾隆二帝屡次巡行江南,多

① 翟灏、翟让辑:《湖山便览》卷四《北山路》。

② 许承祖:《雪庄西湖渔唱》卷四《北山东路·白公堤》。

次临幸西湖，苏、白二堤也逐渐被整修一新。雍正年间，清廷诏令兴西湖水利，浙江、杭州两级地方官奉旨浚湖，将湖中挖出的葑草运到白堤和苏堤等旧堤上，进行加固，将其加宽丈余，加高二尺余，堤面铺上沙石，将二堤修复完好，同时按照传统，再补种上桃柳、芙蓉等。经过这次整修后，白堤“焕若图画，烂如锦屏。行人嬉游，鱼鸟咸若，殆无日不在光风熙皞中也”。① 民国 11 年(1922)，浙江省政府在修建环湖马路时，将堤面改建成碎石路面，17 年(1928)再改为沥青路面。民国《杭州市政府十周年(1927—1937)纪念特刊》载：“苏白二堤，横亘湖中，昔仅供交通之用，兹则已于两岸建筑石壖，或钉椿编篱，将堤身加宽，铺种草砖花木，加筑水泥路与游亭等，几全部改为公园矣。”1979 年，又全部更换了堤上的垂柳，补植碧桃，使白堤又焕发出新的光彩。

关于白沙堤的形成原因及形成时间，从宋代以来就有不同的说法。南宋《淳祐临安志》中有这样一段记载：“旧《经》不载所从始……按吴越王钱镠作《钱湖广顺龙王庙碑》云：‘凿石为门，蒸沙起岸。’岂谓是欤?”后来就有人利用此碑中“刺史崔彦曾重修，凿石为门，蒸沙起岸”之语，认为是唐咸通二年(861)刺史崔彦曾开沙河塘时所筑。这种说法显然是站不住脚的，因为崔彦曾在白居易之后，而白沙堤早在白居易之前就已存在了，时间上的先后关系完全弄反了。估计白沙堤在唐以前应该就已存在，大概是修筑以通孤山之路的。

三、钱镠对钱塘江和西湖的治理

历史上对西湖影响最大的时期，是杭州发展史上极其显赫的吴越国和南宋时期。西湖的全面开发，正是从五代吴越国时期开始的。

吴越王钱镠(852—932)，字具美，小字婆留，杭州临安人。少年时曾为私盐贩，后投军，唐乾符年间(874—879)为石镜将领董昌的部校；唐僖宗光启三年(887)升任杭州刺史；景福二年(893)，任镇海军节度使，驻杭州；乾宁三年(896)为镇海、镇东两军节度使，治杭州；昭宗天复

① 雍正朝《西湖志》卷七《堤塘》。

二年(902),被封为越王。天复四年,改封吴王;天祐四年(907)朱温灭唐建后梁,始封其为吴越国王。从任杭州刺史始,至病逝,钱镠实际统治杭州长达46年,是历史上直接统治杭州时间最久、功业最著的统治者。在建立吴越国之前,他曾五次扩建杭州,并花大力气修筑海塘和疏浚西湖,使杭州得到了巨大的发展。根据文献记载,隋代炀帝大业五年(609),杭州只有一万五千三百八十户,总人口仅有七万九千五百十五人①,而到吴越盛时已达"十余万家"。

自从唐代李泌开凿六井后,居民饮水得到了一定的保障,但到钱镠时,杭州人口已大大增加,六井远远不能满足全城内居民的生活用水需求。为了解决城中居民的饮水用水,钱镠乃大举开井引水,"开井九百九十眼"。② 杭州的百井坊巷,传说原来就有井九十九眼,就是钱镠开的。今天杭州延安路北段现科技馆北人行道上还有钱王井的故址。

钱塘江通大海,而杭州正位于钱塘江到杭州湾的出口处,这里风大浪急,日受两潮,潮水势壮,潮汐作用强,常涌出江岸,因而使钱塘江岸受到严重的冲刷破坏,导致水患时有发生,威胁到都城的安全。潮水泛滥严重的时候,"自秦望山东南十八堡,数千万亩田地,悉成江面,民不堪命"。前人也曾筑过防海塘,如东汉时郡议曹华信就曾筑过捍海塘。但唐以前筑的都是泥土塘,采用土筑法,虽然有就地取材的便利,但土堤的迎水面经不起潮头的冲击,很快就溃坏了,"岁久辄坏"。从唐代开始,杭州人口逐渐增多,手工业和农业发展迅速;但中唐以后由于藩镇割据,干戈扰攘,致使钱塘江海塘年久失修,潮患更烈,钱塘江潮汐"每昼夜两次冲激,岸渐成江"。

为了防止水患,保护杭州城不受潮汐的侵袭,钱镠决定筑塘修堤。他亲自给后梁太祖写了《筑塘疏》,并在后梁开平四年(910)八月,增调军民数十万人,选择海潮冲击的要害地段——在候潮门外,从六和塔到艮山门一线,修筑了一道竹笼捍海石塘。起初,筑塘似沿用以前修土塘的旧法,但是由于潮水日夜冲击,水势又太急,因此"版筑不就",经不起

---

① 梁方仲:《中国历代户口、田地、田赋统计》,上海人民出版社1980年版,第76页。

② 吴自牧:《梦粱录》卷一一《诸山岩》。

潮头的冲击而失败。[1] 于是改用竹笼填石,固以木桩的施工技术处理,即"竹笼石塘",终于筑成了这条防海大塘。其具体修筑经过在《吴越备史·杂考·铁箭考》有比较详细的记载:"以大竹破之为笼,长数十丈,中实巨石,取罗山大木长数丈植之,横为塘,依匠人为防之制,又以木立于水际,去岸二九尺,立九木,作六重……"即:用竹条编成长数十丈的大笼子,内面装满巨石,沉入塘基,再用长数丈的大木桩垂直穿过竹笼,插入塘基底部结合成一个整体,以抗冲定位。为了保护海塘的迎水面避免潮汐的冲刷,还在离海塘岸一丈八尺的海滩,横向打九根木桩,纵作六层。五十四根木桩,形成长方形,既可以消除浪潮的冲击力,又能使随潮水而来的泥沙下沉淤积,填实塘岸,加宽塘基。这样就起到了淤冲沙垫层的稳定塘基的作用,使"潮不能攻,沙土潮积,塘岸益固"。另外,他还派人对海塘的基脚作了进一步的加固处理。据《吴越备史·杂考·铁幢考》记载:"初置幢时,塘犹未成,虑潮荡幢,用铁轮护幢趾,而以铁垣贯幢干,且引维于塘上下之石键,然后实土筑塘。"经过两个月的奋战,终于建成了捍海石塘。这条捍海石塘是杭州城有史以来第一条用竹笼、石头、巨木筑成的堤塘,也是世界筑海塘史上的一个创举。

钱氏捍海石塘的建成,不但解除了钱塘江对杭州的潮患威胁,保护了杭州城内百姓生命财产的安全,而且使江岸"少土渐积,岸益成焉",奠定了杭州城基,同时也加速了土地淡化,有利于发展农业生产。石塘建成,钱镠的倡导之功亦不可磨灭,所以文天祥在《论五代史书武肃王事》中褒奖钱镠此举"非止一时之保安,实有千年之功德,洵湛百世之模楷"。1985 年兴建杭州江城路公路铁路立交桥时,挖土机挖至地下十一米深时,发现这条石塘的一段遗址。可以看出石塘共分四个层次:第一层为滉柱,每根长约六米,直径三十厘米,共植十余排,起到缓冲江潮冲击力的作用;第二层是大木桩,共分六排,其间一排填土,一排则是填上装满石头的篾笼,称为"泥塘";第三层才是真正的石塘,用大块花岗

---

[1] 《宋史》卷九七《河渠七·东南诸水下》:"浙江通大海,日受两潮。梁开平中,钱武肃王始筑捍海塘,在候潮门外。潮水昼夜冲激,版筑不就,因命强弩数百以射潮头,又致祷胥山祠。既而潮避钱塘,东击西陵,遂造竹器,积巨石,植以大木。堤岸既固,民居乃奠。"

岩石交错垒叠而成。第四层是石堤内的保护层,用泥土填夯。遗址中所呈现的层次与文献记载基本一致。

在筑成捍海塘后,钱镠又令人设置了龙山、浙江二闸,按时启闭,以遏制潮水倒灌入城,“以大小二堰,隔绝江水,不放入城,则城中诸河专用西湖水,水既清澈,无由淤塞”。[①] 同时,他又设置了水寨军,屯兵浒浦一带,常驻管理。

后梁乾化二年(912),后梁遣刑部尚书李皎来杭州,册尊钱镠为尚父,并敕诏广筑牙城。当时曾有方士在钱镠拟扩建牙城时献策:“若将西湖填满为城,于法当有拓土之应,不止十四州已也。”甚至说:“王若安居城中,有国仅可百年。若填塞西湖而居之,有国可千年。”幸钱镠坚决不同意,说:“百姓藉湖为生,无水即无民,吾之遵诏广城,原冀卫民,何敢稍存他念!况百年之内,必有真主,尔无妄言,吾不为也。”[②]因此,遂有了“广治不填湖,留以待真主”的佳话。以当时钱镠之力,足以填塞西湖,而他不为浮言厚利所动,为百姓留下了一湖生活之水。

后梁龙德三年(923),钱镠建立吴越国,定都杭州。钱镠出身于“家世田渔为事”的农民家庭,对于水利有深刻的认识。建吴越国以后,他即设立大量都水营田司,专门负责兴修水利。还募集兵卒,在一些重要的水利地区,建立了按军队编制而专事修浚、兴建水利工程的“撩浅军”。如在太湖周围设置的撩浅军,共有七八千人,专门进行治湖筑堤和农田建设,提高了太湖流域的防涝抗旱能力,也扩大了吴越国的耕地面积。

同时,他还在杭州西湖南、北泄水口设立涌金、钱塘两座水门,作为城市防御和水上交通关隘。此时西湖距白居易修治后又逾百年,由于西湖自身的地质原因,淤泥堆积速度非常快,湖中葑草蔓蔽,甚至一度干涸,只能在雨季为居民供水,而遇旱季则无水可供,且只有最小型的船只在水位最高的时候,才有可能穿过西湖进入城中密布的水道。在局部湖面发生淤塞,在湖中出现洲渚,甚至可建屋舍。宝正二年(后唐

① 《咸淳临安志》卷三五《青湖河》。

② 《钱氏家乘》卷五《武肃王年表》。

天成二年,927),钱镠在取得治理太湖的经验后,创建了西湖最早有组织、有规模的执法管护队伍——“撩湖兵”千人,封闭出水口,芟除湖草,深挖湖底淤泥。泄水通过市区河道,为民用和灌溉的水源。另外又新挖水池三处,引西湖水入池,增加城市的淡水供应。撩湖兵作为一支经常性的浚湖队伍,主要职责是清除湖中蔓生的葑草和淤积的湖泥,加深湖床,从而保证西湖水域的稳定存在。此后,西湖的疏浚成了日常维护工作,确保了西湖水体的存在。

除了修筑海塘、治理西湖外,钱镠还在全境发动军民大兴水利。如设立“营田军”七八千人,即组织部分军队专修水利设施,屯田自给。同时,又整治钱江航道,凿平江中罗刹石等礁滩,以利航行,导引江水入海,不使溢泛成灾。

后唐长兴三年(932),钱镠的第七子,吴越国王钱元瓘命金华将军曹杲在涌金门内凿涌金池,引西湖水入城,并入运河,以便居民汲取饮用,并可便舟行。钱元瓘亲书“涌金池”三字,刻石其旁。[①]

在吴越国的八十多年中,杭州城市得到了较大的扩展,西湖也获得了较好的整治,城市与西湖唇齿相依的关系,较之前代更为明显,而这在客观上也大大延缓了西湖沼泽化的过程。

北宋太平兴国三年(978),吴越国王钱弘俶纳土归宋。钱氏归宋后,撩湖兵制被废,西湖复又湮塞。

附:

白居易:《钱塘湖石记》

钱塘湖事,刺史要知者四条,具列如左。

钱塘湖,一名上湖,周回三十里。北有石函,南有笕。凡放水溉田,每减一寸,可溉十五余顷。每一复时,可溉五十余顷。先须别选公勤军吏二人,一人立于田次,一人立于湖次,与本所由田户据顷亩,定日时,量尺寸,节限而放之。若岁旱,百姓请水,须令经州陈状,刺史自便押

① 《十国春秋》谓池凿于钱弘俶时,云:“忠懿王朝宋,杲填(镇)抚国中,即城隅浚三池,引湖水入城,以通舟楫。王归,嘉其功,赐名曰涌金,立石池上。”

帖,所由即日与水;若待状入司,符下县,县帖乡,乡差所由,动经旬日,虽得水,而旱田苗无所及也。大抵此州春多雨,夏秋多旱,若堤防如法,蓄泄及时,即濒湖千余顷田,无凶年矣(州图经云湖水溉田五百余顷,谓系田也。今按水利所及,其公私田不啻千余顷也)。自钱塘至盐官界,应溉夹官河田,须放湖入河,从河入田,准盐铁使旧法,又须先量河水浅深,待溉田毕,却还本水尺寸。往往旱甚,即湖水不充。今年修筑湖堤,高加数尺,水亦随加,即不啻足矣。脱或水不足,即更决临平湖,添注官河,又有余矣(虽非浇田时,若官河干浅,但放湖水添注,可以立通舟船)。俗云:决放湖水,不利钱塘县官。县官多假他词以惑刺史。或云:鱼龙无所托。或云:茭菱失其利。且鱼龙与生民之命孰急?茭菱与稻粱之利孰多?断可知矣。又云:放湖水即郭内六井无水,亦妄也。且湖堤高,井管低,湖中又有泉数十眼,湖耗则泉涌,虽尽竭湖水,而泉用有余;况前后放湖,终不至竭。而云井无水,谬矣!其郭中六井,李泌相公典郡日所作,甚利于人,与湖相通,中有阴窦,往往堙塞;亦宜数察而通理之。则虽大旱,而井水常足。湖中有无税田约十数顷。湖浅则田出,湖深则田没。田户多与所由计会,盗泄湖水,以得私田。其石函、南笕并诸小笕闼,非灌田时,并须封闭筑塞,数令巡检,小有漏泄,罪责所由,即无盗泄之弊矣。又若霖雨三日已上,即往往堤决。须所由巡守预为之防。其笕之南,旧有缺岸。若水暴涨,即于缺岸泄之;又不减,兼于石函、南笕泄之,防堤溃也(大约水去石函口一尺为限,过此须泄之。予在郡三年,仍岁逢旱,湖之利害,尽究其由。恐来者要知,故书于石;欲读者易晓,故不文其言。长庆四年三月十日,杭州刺史白居易记。

苏轼:《钱塘六井记》

潮水避钱塘而东击西陵,所从来远矣。沮洳斥卤,化为桑麻之区,而久乃为城邑聚落,凡今州之平陆,皆江之故地。其水苦恶,惟负山凿井,乃得甘泉,而所及不广。唐宰相李公长源,始作六井,引西湖水以足民用。其后刺史白公乐天,治湖浚井,刻石湖上,至于今赖之。始长源六井,其最大者,在清湖中,为相国井,其西为西井,少西而北为金牛池,又北而西附城为方井,为白龟池,又北而东至钱塘县治之南,为小方井,

而金牛之废久矣。嘉祐中，太守沈公文通，又于六井之南，绝河而东至美俗坊，为南井。出涌金门，并湖而北，有水闸三，注以石沟，贯城而东者，南井、相国、方井之所从出也。若西井，则相国之派别者也。而白龟池。小方井，皆为匿沟湖底，无所用闸。此六井之大略也。

熙宁五年秋，太守陈公述古始至，问民之所病。皆曰："六井不治，民不给于水。南井沟庳而井高，水行地中，率常不应。"公曰："嘻，甚矣，吾在此，可使民求水而不得乎！"乃命僧仲文、子珪办其事。仲文、子珪又引其徒如正、思坦以自助，凡出力以佐官者二十余人。于是发沟易甃，完缉罅漏，而相国之水大至，坎满溢流，南注于河，千艘更载，瞬息百斛。以方井为近于浊恶而迁之少西，不能五步，而得其故基。父老惊曰："此古方井也。民李甲迁之于此，六十年矣。"疏涌金池为上中下，使澣衣浴马，不及于上池。而列二闸于门外，其一赴三池而决之河，其一纳之石槛，比竹为五管以出之，并河而东，绝三桥以入于石沟，注于南井。水之所从来高，则南井常厌水矣。凡为水闸四、皆垣墙扃鐍以护之。

明年春，六井毕修，而岁适大旱，自江淮至浙右井皆竭，民至以罂缶贮水相饷如酒醴。而钱塘之民肩足所任，舟楫所及，南出龙山，北至长河，盐官海上，皆以饮牛马，给沐浴。方是时，汲者皆诵佛以祝公。余以为水者，人之所甚急，而旱至于井竭，非岁之所常有也。以其不常有，而忽其所甚急，此天下之通患也，岂独水哉？故详其语以告后之人，使虽至于久远废坏，而犹有考也。

第五章　两宋时期对西湖的历次治理

两宋时期,是西湖发展史上极为重要的时期。北宋苏轼对西湖的治理,使西湖美名远扬;南宋时期,杭州作为行都,西湖更是受到前所未有的重视,历届地方郡守,都着意对西湖的维护和治理,使西湖的治理更加频繁,湖光山色也更为精致。

一、北宋苏轼之前对西湖的治理

在北宋统治的一百六十多年中,杭州官府对西湖进行了多次疏浚。由于民生所系,因此北宋时的许多贤牧良守,都把疏浚西湖、畅通六井作为施政的重要工作,为西湖的发展做出了很大的贡献。

比较唐宋两代治理西湖的情况,可以发现北宋对西湖的治理与唐代有较大的不同,关于这一点,清人吴农祥在其《西湖水利续考》中曾有过非常精辟的论述:“唐之水利,夺湖于江者也。夺湖于江,其法利用潴湖,使江不至于侵湖,而郡受其利矣。宋之水利,分湖于江者也。分湖于江,其法利用卫湖,使湖强而江弱,湖为主而江为辅,而郡受其利矣。”这段论述,很明确地指出了两朝对钱塘江与西湖关系处理上的不同。

宋代对西湖的治理,文献中所见最早的是在真宗时期。

从五代吴越国末期至北宋初,西湖长年不治,葑草湮塞占据了湖面的一半,“分湖于江”的水源不足,导致漕河失利,江河行舟不通,六井复近于废塞。直到真宗景德四年(1007)九月,工部员外郎兼侍御史知杂事王济出知杭州,才开始了对西湖的治理。王济,字巨川,饶阳人(今河北衡水),是一位性格刚直、决事无所畏避的地方官。在看到西湖的凋

敝之状后，即上奏疏浚西湖。他不仅疏浚西湖，还修建了西湖的闸堰设备，在湖边增置斗门(可蓄泄湖水的闸门)，“以备渍溢之患”；在修完湖后，还把白居易的《钱塘湖石记》重新刻在湖边。[①] 然而，不久就“僧民规占者已去其半”[②]，半个西湖就被僧俗等侵占去了。

天禧三年(1019)，宰相王钦若被罢相，以太子太保出判杭州。次年七月，王钦若因“酒榷增羡，狱空”，颇有政绩而得到嘉奖。接着，他又奏请以西湖为放生池，禁止百姓抓捕湖中鱼鸟，以“祝延圣寿”，为人主祈福，获准。从此以后，“每岁四月八日，郡人数万会于湖上，所活羽毛鳞介以百万数，皆西北向稽首，仰祝千万岁寿”。[③] 天禧五年，知州王随为之作《杭州放生池记》，立碑于西湖北岸的昭庆寺西石塔头旁，记曰：“……因上言，是湖也，最为胜景。俯濒佛宫，居人鱼食，尽取其中。国家每以岁时祈乃民福，星轺至止，精设于兰若，羽服陈仪，恭投于龙简，愿禁采捕，仍以放生池名为请。”[④]但是禁民采捕以后，反而使湖面的葑草长势更盛，淤积更甚。

仁宗庆历元年(1041)，枢密副使郑戬因为宰相吕夷简所忌，被罢，以资政殿学士知杭州。当时西湖由于自然的淤积，加上人为的破坏和污染，又发生了严重的葑土湮塞情况，而且出现了沿湖多处地方被豪族和僧寺侵占的情形，使本来就已湮塞的湖面更加狭窄。于是郑戬征发了杭州府所属各县的丁夫数万人，疏浚开挖西湖，拆毁湖中的建筑和园圃，进行了大规模的疏浚，使沿湖风貌重现旧观。此事报知朝廷后，宋仁宗特意下诏，命令杭州本郡的地方官“岁治如戬法”。[⑤]

李泌时开凿的六井中，金牛井很早就湮废了，六井事实上只剩下了五井，城中用水还是很紧张。于是，在仁宗嘉祐五年(1060)，知州沈遘就令人在六井南面人口较集中的美俗坊，又新凿了一口供水量特别大

① 《宋史》卷三〇四《王济传》：“郡城西有钱塘湖，溉田千余顷，岁久湮塞，济命工浚治，增置斗门，以备溃溢之患。仍以白居易旧记刻石湖侧，民颇利之。”

② 田汝成：《西湖游览志》卷一《西湖总叙》。

③ 杨士奇等：《历代名臣奏议》卷二五二《水利》。

④ 王昶辑《金石萃编》卷一三〇《宋八》，中国书店 1985 年版(影印本)。

⑤ 《宋史》卷二九二《郑戬传》。

的南井，仍然是引西湖水入城，以供城中百姓的饮用，后人称之沈公井，又名惠迁井。后来，为了保护西湖的环境，他又禁止抓捕湖中的鱼鳖，以保护湖水的洁净。

神宗熙宁四年(1071)十一月，苏轼到任杭州通判。[1] 次年五月乙未，北宋名臣、理学先驱陈襄由陈州移知杭州。[2] 当时六井已严重淤塞，沈遘所开的沈公井也已荒废不能用了，杭城百姓又陷于水荒之苦。陈襄在深入民间了解民情时，听到老百姓说："六井不治，民不给于水。"立即回答说："吾在此，可使民求水而不得乎？"于是在当年秋天，在苏轼的辅助下，请僧人仲文、子珪等二十多人承担重修六井的任务，开挖输水渠道，更换了输水管，补好了漏水之处，再引西湖水入井，使六井和沈公井又蓄满清水，城内的河流也获得畅通。后来苏轼在为僧人子珪请求封号的时候，还特意提到："熙宁中，六井与沈公井，例皆废坏。知州陈襄选差僧仲文、子珪、如正、思坦四人，董治其事。修完既毕，岁适大旱，民足于水，为利甚博。臣为通判，亲见其事。"[3]此外，他还派人对五代吴越时开凿的涌金池进行了整治。

六井修好后，第二年就遇到大旱，江浙一带各处的水井大多干涸，而惟独杭州的百姓没有受缺水之苦。[4] 可见陈襄修六井和沈公井给杭州百姓带来了多大的益处。

二、苏轼浚西湖筑苏堤

不过，北宋时期治理西湖最著名的郡守还是大文豪苏轼，他是西湖治理史上与唐代白居易齐名的杰出人物。

苏轼(1037—1101)，字子瞻，号东坡居士，眉州(今四川眉山)人，北

---

① 宋朝初年创设"通判"一职，系辅佐州政，可视为知州的副职。

② 《东坡全集》卷三五《钱塘六井记》载："熙宁五年秋，太守陈公述古始至，问民之所病。"《乾道临安志》也作："五月乙未，以知陈州、知制诰陈襄知杭州。"

③ 苏轼：《东坡全集》卷五七《乞子珪师号状》。

④ 苏轼《钱塘六井记》有载："明年春，而岁适大旱，自江淮至浙右井皆竭，民至以罂缶贮水相饷如醴酒。而钱塘之民肩足所任，舟楫所及，南出龙山，北至长河、盐官海上，皆以饮牛马，给沐浴。"

宋著名的文学家和政治家。他在政治上比较开明、正直敢言，因此往往得罪权贵，以致多次被贬。但在所历官的每一个州郡中，都勤政爱民，关注民生，兴修水利，革弊兴利，深得百姓爱戴，被敬称为“苏公”。他曾先后两次任职杭州，在杭期间，赈灾安民、治病救人、治理河道、浚挖六井、疏浚西湖，为杭州做了很多好事。

苏轼对其辖下的百姓是非常关爱的。如元祐四年(1089)七月出知杭州时，正逢杭州大旱，而在此前，从前一年的冬季开始，涝灾持续到当年五六月份，所以农民没能种上早稻。等晚稻种下，却又遇干旱，颗粒无收，粮价上涨，疾病也开始流传，灾情十分严峻。苏轼到杭后立即投入救灾活动，把原用来修葺官舍的钱改为先买粮米赈济饥荒。并于当年十一月向朝廷上了《乞赈济浙西七州状》，提出了赈济灾民的请求，重点是请求朝廷宽缓转运司来年的上供钱粮，同时制止官方抢购粮食，不致米价涌贵，小民乏食。其后他又连续七次上书朝廷，请求朝廷供米二十万石赈灾，并要求宽免秋税，免除了本路三分之一的上供米，又得到朝廷所赐度僧牒百道，换成粮米后赈济饥者，同时向周边产粮地区购入粮食存满常平仓，到第二年春季青黄不接时，将常平仓中的米低价出售给百姓，使杭州没有因饥荒而饿死人。

灾荒之际，瘟疫流行。杭州是水陆交会之所，疾疫死亡情况特别严重。苏轼乃派人做稀粥、药剂，救活了许多人。他又从自己的私囊中捐出黄金五十两，并广泛筹集捐款，创立了杭州第一家病坊“安乐坊”，为贫苦百姓治疗。他本人研究医道，精通药理，还亲自主持配制了一种有多种疗效的丸药，名为“圣散子”，价格便宜，疗效显著，深受老百姓欢迎。这样一位深爱百姓、也深受百姓爱戴的“父母官”来到杭州，将会给这个城市以及西湖带来怎样的新变化、发展呢？

北宋时期，在苏轼治湖以前，西湖虽有零零星星的整治，但一直未有彻底全面的治理。当时的情况是，湖中葑草疯长，占据了近半个湖面，湖水淤浅，不能向运河输水，导致漕河失利，水运不通，而城中的六井也复近于废塞。据《宋史》卷九七《河渠志七》的记载，当时西湖水面“葑积二十五万余丈，而水无几”。运河失去湖水的补充，只能取给于钱塘江水。

苏轼曾先后两次出任杭州的地方官。神宗熙宁四年(1071)十一月第一次来杭州任通判之职,熙宁七年七月卸任离杭。元祐四年(1089),因反对王安石变法,再次被贬,出任杭州知州。两次来杭,虽然相隔不过十几年,但西湖的沼泽化速度在这段时期中却是相当迅速的。苏轼本人有言:"熙宁中,臣通判本州,湖之葑合者,盖十二三耳;而今者十六七年之间,遂塞其半。父老皆言,十年以来,水浅葑横,如云翳空,倏忽便满,更二十年,无西湖矣。"①

熙宁四年第一次来杭州任通判的时候,到任之初,苏轼就去访问民间疾苦。当时城中的父老纷纷向他诉苦,特别讲到唐代白居易疏浚西湖时引西湖水入运河,作为运河的水源。而到了此时,由于西湖日渐湮塞,湖中蓄水不足于用,西湖已无水可输,运河失去了湖水的补给,只能引钱塘江水入河。钱塘江中含有沿途挟带的大量泥沙,江水引入运河后,水势顿减,流速变缓,水中的泥沙就在运河中迅速沉淀淤积起来,阻塞了河道。为了维持运河的畅通,当地只能对运河三五年一浚,否则运河也将废毁了。而每次浚河,都要大动干戈、劳民伤财,"每将兴工,市肆汹动,公私骚然,自胥吏壕寨兵级等,皆能恐喝人户,或云当于某处置土,某处过泥水,则居者皆有失业之忧,既得重赂,又转而之他。及工役既毕,则房廊邸店,作践狼藉,园囿隙地,例成丘阜,积雨荡濯,复入河中,居民患厌,未易悉数。若三五年失开,则公私壅滞,以尺寸水欲行数百斛舟,人牛力尽,跬步千里,虽监司使命,有数日不能出郭者。其余艰阻,固不待言"。② 因此对运河的定期疏浚也成为市井百姓的大患。

这次通判杭州,他虽然由于权限不足,未能对西湖的治理作具体的工作,但对于西湖治理的急迫性已有深刻的了解,也有了整治西湖的念头。宋时通判只是地方的行政副职,凡事由知府作主,因此当时他尚无实际决策权,难有大的作为,治理西湖的计划也终未能施行。不过他虽未治湖,却提出了一些关于水利建设的建议,特别是探索畅通六井和沈公井的方案,为当时的知州陈襄所用。

---

① 苏轼:《苏轼全集》第8卷《奏议·乞开杭州西湖状》。

② 苏轼:《东坡全集》卷五七《申三省起请开湖六条状》。

元祐四年(1089)七月,苏轼再次来杭州出任知州。当时杭州水旱交加,民生恐慌,西湖湖面近半已经淤塞,旱时濒湖良田得不到灌溉,雨时杭州城内几成泽国。而运河由于得不到及时的水源补充,也变得干浅,城中水运也陷入困境。于是他在到任三个月后,即于当年十月兴工开浚茆山(今东河)和盐桥(今中河)二河各十余里,到次年四月竣工,使两河"皆有水八尺以上","公私舟船通利"。然而,运河虽然疏通,但潮水仍时常侵入河内,泥沙淤积的根本问题没有解决。于是苏轼又接受临濮县主簿监在城商税苏坚的建议,从四月开始又继续在茆山河上作堰闸,使茆山河专门承受钱塘江潮水;又命人在西湖和盐桥运河沟通处修建了函闸,每日按时启闭,使作为城市交通命脉的盐桥运河专受湖水,而不受江潮的干扰,既保证了西湖水的蓄泄,又免于钱塘江潮侵入城内运河。如此,城内河道畅通,沿河斥卤情况得到了改善,使日益扩展的杭州城对西湖的依赖关系达到了顶点,为西湖在今后立于不废之地建立了牢固的基础。

城中的六井,经白居易的治理以后,到北宋时,又几乎荒废了。熙宁中通判杭州时,苏轼曾与知州陈襄一起修治过六井,但当时的修缮还不够完备,因此到此时又溃坏了。[①] 因此苏轼在整治运河之余,又对六井作了彻底的修理,修复了已逐渐淤塞的六井和沈公井,将原先"开阴窦"用的竹管全部改为瓦筒,外面再用砖石进行加固,使底盖紧密,可以经久耐用。另外,他还利用多余的水量,在仁和门外离六井最远处新建二井,于是"西湖甘水,殆遍一城"。

赈灾安民、疏浚运河、修缮六井等一系列行动,使杭州城的老百姓看到了新任知府对当地百姓疾苦的关切,也看到了治理西湖的希望。于是本州的父老农民"相率诣轼陈状,凡一百五十人,皆言:'西湖之利,上自运河,下及民田,亿万生聚,饮食所资,非止为游观之美。而近年以来,湮塞几半,水面日减,茭葑日滋,更二十年,无西湖矣'"[②],请求苏轼

① 据苏轼《申三省起请开湖六条状》记载:"熙宁中,知州陈襄与轼同擘画修完,而功不坚。"

② 苏轼:《东坡全集》卷五七《申三省起请开湖六条状》。

疏浚西湖。与此同时，地方官吏也向苏轼积极进言献策，如当时的钱塘县尉许敦仁就向他献彻底清除葑草之计。由于西湖水浅，因此湖面的葑草长势迅猛，成为治湖的大患。许敦仁从吴人种菱中得到启示，认为“若将葑田变为菱荡，永无茭草湮塞之患”，建议苏轼雇人开湖，“候开成湖面，即给与人户，量出课利，作菱荡租佃，获利既厚，岁岁加工，若稍不除治，微生茭葑，即许人刬赁，但使人户常忧刬夺，自然尽力，永无后患”。[①] 即将湖面划分给农民种植茭菱，作为交换条件，赁湖的农民必须保证及时芟除湖面的葑草，一旦不能及时除去，则即将原有的湖面划归他人种植。如此，农民必然尽心尽力地去除葑草，而西湖也将永无葑草之患了。

许敦仁的建议得到了众人的赞可，也坚定了苏轼疏浚西湖的决心。因此，待修完运河与六井后，元祐五年(1090)五月，苏轼又开始为西湖请命，上书宋哲宗，写下历史性的文件《杭州乞度牒开西湖状》，请求发放度牒、筹款治理西湖。在状书中，他说：“杭州之有西湖，如人之有眉目，盖不可废也……若二十年之后(西湖)尽为葑田，则举城之人复饮咸苦，势必耗散。”指出西湖如若湮废，居民无水可饮，必将散掉，城市也就不复存在了。这条道理把西湖的存在与杭州城市的发展紧密联系起来，明确地指出西湖对杭州百姓生活生存的重要性。为了打动皇帝，同意拨款治理西湖，他还阐述了五条西湖必修的理由：一是故相王钦若曾为了“祝延圣寿”，为真宗皇帝祈福，而奏准以西湖为放生池，一旦湖废，则湖中生灵均将变成“涸辙之鲋”，这与朝廷放生祝寿的宗旨不合。言下之意，如果西湖荒废，即是废了放生池，也就是废了为皇帝祈福的意思，而这是万万不可的。第二，杭州百万居民的饮水依赖西湖水的供给，如果西湖壅塞，变成葑田，则城中居民将无水可饮，只能复饮咸苦的潮水，这势必导致百姓耗散、城市衰败。这里，苏轼将西湖的兴废与杭州城市的发展紧密地联系起来，说明了城市和西湖的相互依赖关系。第三，湖水可灌溉下游数十里间的农田，是农作物收成的保证。如果西湖湮废，则上千顷的良田将无水灌溉，农业生产必然损失严重。第四，

① 苏轼：《东坡全集》卷五七《申三省起请开湖六条状》。

因为湖水不足，使城中的运河只能取水于钱塘江，潮水入城，会导致运河泥沙堵塞，而定期的清淤会严重扰民，因此疏浚西湖也成为城内水运交通通畅的必须。最后，他又指出杭州城所交纳的酒税是北宋当时最多的，每年达二十余万缗。酿酒所需的水都取自于西湖，一旦西湖缺水，酿酒所需的水就要"劳人远取山泉，岁不下二十万工"，大大增加了酿酒的成本，因此从经济的角度来看也是不宜废的。

在上书哲宗皇帝的同时，他又向三省上了《申三省起请开湖六条状》，详述了决心开湖的源起，陈述了全面疏浚、治理西湖具体操作的六项计划，并详列了有关经费、人工、设备、分界、违禁以及管理等具体办法，主要目的是请求三省划拨度牒以作开湖费用。根据他的考察，当时西湖上有葑田约二十五万余丈，估算用工大约要二十余万工。当时杭州府尚有朝廷拨给的赈灾余米及免上供粮等粮米合计一万余贯，可以支付十万工，不足部分则希望朝廷能再特赐度牒百道，如此，基本上"便可成事"了。这一状书也得到了朝廷的批准。

这之后，一场前所未有的西湖整治行动开始了。农历四五月正是杭州的梅雨季节，雨水很多，因此"葑根浮动，易为除去"，于是从四月二十八日兴工，自夏到秋，除了奏请朝廷以当年赈济本路灾民多余的粮米一万多贯、度牒一百道移作开湖费用外，对于不足部分，苏轼又发动全城募捐，还写字作画出售以募集资金，动员二十万民工疏浚西湖，不数月，终于把西湖治理好了。关于浚湖的具体过程，可以从苏轼所上的《申三省起请开湖六条状》中了解大概的情形。

为维系今后对西湖的日常管理，苏轼又申请设立"开湖司"这一治湖机构，由负责治安的钱塘县尉代管，规定以新旧菱荡课利钱送钱塘县尉司收管，谓之"开湖司公使库"，专款专用，不许挪作他用。开湖司的职责是"才有茭葑，即依法施行。或支开湖司钱物，雇人开撩替日，委后政点检交割。如有茭葑不切除治，即申所属点检，申吏部理为违制"，把对西湖的治绩，作为考核政绩的内容之一。

苏轼在准备疏浚西湖之前，便已注意到当地居民种菱时，"每岁之春，芟除涝漉，寸草不遗，然后下种"，因此便想到"若将葑田变为菱荡，永无茭草湮塞之患"。为避免西湖再次湮塞，他遂将新开出的湖面分给

人户种菱。规定西湖水面原先没有葑草的地方不许人佃种，而在原有葑草之处，在除去葑草后，募人种菱于西湖内，既可以防止葑草再生，又可将所售菱款用作今后治湖的费用，使西湖今后永无葑草湮塞之患。为防止日久以后佃户侵占水面种植，他又在湖面新开界上建立三座小石塔，禁止在石塔范围内养殖菱藕，以防湖底的淤积。这三座石塔，后来变成“三潭印月”景点，成为苏轼治理西湖的标志之一（原塔已在元代毁去，现在石塔为明天启元年所建）。

原先湖上种菱人家在湖面上脔割葑地，如田塍状，以作为疆界。这种田塍状的分割很容易导致湖面的葑合，因此苏轼规定今后只许标插竹木来标明四至，而不得脔分为界。至于新旧所收菱荡的课利钱，以后全部划归钱塘县尉收管，收入开湖司公使库，作为今后逐年雇人开葑的经费，不得挪作他用。这样，不仅一次性地根除葑草，还为以后的日常治理事先作了计划。

决定开葑田疏挖西湖后，他又想到“湖南北三十里，环湖往来，终日不达。若取葑田积之湖中为长堤，以通南北，则葑田去，而行者便矣”。[①] 遂将疏浚中挖出来的葑草和淤泥，堆筑起自南至北横贯湖面的长堤。他以艺术家的眼光来修筑这道长堤，将长堤修在偏西一侧，使湖分里外，大小参差。堤上种植了芙蓉和杨柳，“望之如画图”。另外又在堤上建了六座石拱桥，使堤两侧的湖水可以相通。“六桥宛转饮长虹，踏草穿花兴正浓”，自此西湖水面分东西两部，而南北两山始以沟通。元祐六年（1091），林希接任杭州知州时，为怀念苏轼疏浚西湖之举，欣然把长堤命名为“苏公堤”，并题写堤名，苏堤由此得名。此事在《咸淳临安志》、《淳祐临安志》等志书中均有记载。

如此，大规模疏浚治理西湖，造福杭州，因而“杭民家有（苏轼）画像，饮食必祝，又作生祠以报”。[②] 对于疏浚西湖一事，苏轼自己也颇为得意，故有《观开西湖次吴左丞韵》诗：“伟人谋议不求多，事定纷纷自唯阿。尽放龟鱼还绿净，肯容萧苇障前坡。一朝美事谁能纪，百尺苍崖尚

---

① 苏辙：《栾城集》后集卷二二《亡兄子瞻端明墓志铭》。

② 同上。

可磨。天上列星当亦喜，月明时下浴明波。”其事成功就、踌躇满志之意，可见一斑。

“六桥横绝天汉上，北山始与南屏通。忽惊二十五万丈，老葑席卷苍烟空。”这是苏东坡在西湖筑堤之后所赋之词。苏东坡在杭期间，尽心竭力，疏通运河、重修六井、治理西湖、修筑长堤，成为历代杭州郡守的楷模。从他的时代开始，展现了天堂初景。可以说，西湖是从这时起，才开始真正成为人们流连忘返的风景胜地。

苏堤：

苏堤旧称苏公堤，元祐五年疏浚西湖后在湖上修筑而成。今天的苏堤南起南屏山麓南山路，北到栖霞岭下岳王庙东，全长 2797 米，堤宽平均 36 米。堤上夹道遍植柳树，既增加了堤上的景观，又可以用树根来加固堤基，免于堤坝的溃散。堤上共有六座石拱桥，以通外湖和里湖的水流，从南往北分别为：映波、锁澜、望山、压堤、东浦（据考证，疑为“束浦”之讹）、跨虹，每座桥上又修建了亭子，作为游人休息赏景之处。旧有三贤堂，分祀香山白居易、东坡苏轼、和靖林逋，为南宋理宗宝庆间的京尹袁韶所建。明代杨孟瑛治湖时，又扩建为“四贤祠”，增祀唐代的李泌，以纪念他对杭州人民的功劳。

苏东坡当年建的长堤严格说来只是堤的雏形，堤上的六座桥名也并非苏轼建堤时所取，而是南宋人所拟定；六桥是木结构还是砖石结构，也不可考。历代对苏堤多有增添，方成就现在的景观。有一种观点认为最初的苏堤和今天的苏堤并不一致，当时只是从孤山到北山，直到南宋孝宗时，才改为从南山直抵北山的。但苏轼之弟苏辙《亡兄子瞻端明墓志铭》中即有“公间至湖上，周视良久曰：‘今欲去葑田。葑田如云，将安所置之？湖南北三十里，环湖往来，终日不达，若取葑田积之湖中为长堤，以通南北，则葑田去，而行者便矣’”这样的记载，可知在苏轼当时筑堤的目的就是为了“通南北”，显然应该是从南山而至北山的。

杭州人深深地怀念苏轼，在他离去不久，就在苏堤上建苏公祠。然

而“其后禁苏氏学，士大夫多趋时好，后十年，郡守吕惠卿奏毁之”[①]，南宋以后才得以恢复。

宋室南渡后，苏堤一度形成湖中集市。周密《武林旧事》记载清明节前后游湖盛况时就写过：“苏堤一带，桃柳浓阴，红翠间错，走索、骠骑、飞钱、抛球、踢木、撒沙、吞刀、吐火、跃圈、斤斗及诸色禽虫之戏，纷然丛集。又有买卖赶集，香茶细果，酒中所需。而彩妆傀儡，莲船战马，饧笙和鼓，琐碎戏具，以诱悦童曹者，在在成市。”如此走马游船，达旦不息；又加上岁久弗治，湖水啮岸，因此堤身逐渐渐廉削。南宋乾道年间，宋孝宗“命筑新堤”，重修了苏堤，“湖分为两，游人大舟往来，第能循新堤之东岸，而不能达于北山。至绍熙中，光宗始命京尹造二高桥，出北山，达于大佛头，而舟行往来，始无所碍云”。[②] 咸淳五年(1269)，南宋朝廷又专门拨款，命临安府郡守潜说友进行修复，据文献记载，当时“载砾运土，填洼益庳，通高二尺，袤七百五十八丈，广皆六十尺。堤旧有亭九，亦治新之，仍补植花木数百本”。[③] 此外，朝廷又先后在堤上修建了先贤堂、三贤堂、湖山堂等建筑，以纪念先贤。

明初，苏堤因岁久得不到及时的整修，在湖水的侵蚀下损坏严重。加之成化以前，里湖已全部成为民间的产业，六桥下水流成线，再也看不到昔日的美景佳致了。直到正德元年(1506)郡守杨孟瑛浚湖时，才对苏堤作了修复，将其增高到二丈，宽五丈三尺，两边种植了上万株杨柳，并将其往西延伸抵北新堤为界。由此，苏堤才恢复了旧时景观，虹梁横亘，顿复旧观。但时间不久，堤坝又逐渐损毁，堤上的柳树也不断枯败病死。至嘉靖中，县令王钺又派人夹堤种植桃柳，并且模仿唐代白居易的前法，规定凡犯轻微罪行的犯人，可以通过在苏堤上种植桃树来减轻罪行，被后人赞为“真治湖一良法”。自此以后，苏堤上又呈现出桃红柳绿的繁荣景象，一些好事者遂将此堤称为“王堤”，可惜后来堤上的桃柳又为兵燹所砍伐殆尽。至万历二年(1574)，盐运使朱柄如重又在

① 潜说友：《咸淳临安志》卷三二《西湖》。

② 《舆地纪胜》卷二《景物上·西湖》

③ 潜说友：《咸淳临安志》卷三二《西湖》。

堤上种植杨柳。到崇祯初年，堤上树皆已合抱。到了明末清初，已经变为“堤宽三丈，高丈许，延袤十里”，高度和宽度都比原先降了不少，不过堤上的风光依然不错，“编桃插柳”，“种芰栽莲”。[①]

清初，苏堤因年久失修，呈现出“外六桥头杨柳尽，里六桥头树亦稀”[②]的衰败景象，甚至人们已“莫能指目其处”了。好在后来康熙帝数次南巡，多次临幸西湖，因此苏堤也得到了较大的整治。康熙三十八年(1699)南巡，第二次驻跸杭州时，御书“苏堤春晓”为十景之首，建楼于望山桥南。雍正二年(1724)，诏令开浚西湖，增培苏堤和白堤的堤岸，在两堤上补种桃柳。雍正四年，浙江总督李卫鉴于苏堤一向易受湖水啮蚀，基址日削，遂将所挑浚的西湖葑泥堆积在苏堤上，而且比原先增高了三尺，拓宽了尺许，“视白堤一倍”。堤上曾建有三贤堂、湖山堂、仰高堂、水仙王庙等，后来又在压堤桥头建有曙霞亭、御书楼、御碑亭等，亭台楼阁金碧辉煌，掩映在绿树红花之间，美不胜收。同治年间，太平军进攻杭州时，堤上所种的桃柳大多为士兵所戕。此后，随着清政府提倡实业，苏堤上的杨柳均被砍伐殆尽，附近的百姓和僧人纷纷在此垦荒种菜，满植桑树[③]，甚至还在堤上放牧，屡禁不止。

民国以后，杭州市政府力图改变苏堤的惨淡状况，进行整修。1927年，在苏堤两岸建筑石塈，或打桩编篱，将堤身加宽，中间铺设水泥路，路的两旁还种上花草树木，并加筑亭台楼阁。1934年，杭州大旱，西湖几近干涸。杭州市政府值此机会疏浚西湖，并对苏堤进行了大规模改造，以所疏浚的葑泥扩增苏堤的堤身，并尽除桑杞，补种了不少桃树、柳树、棕榈等花木，破旧的御碑亭也油漆一新，并在望山和压堤两桥之间开辟了苏堤公园，以供游人赏景休憩。同时，还在堤上修筑马路。为便于汽车行驶，还拆除了堤上星罗棋布的石亭、石桥和石阶等，改成了沥青浇铺的平坡。

在日寇侵占期间，日军将苏堤上的杨柳和桃树砍伐后，改种樱花

① 夏基：《西湖览胜诗志》卷一《苏堤六桥》。

② 陈洪绶：《西湖垂柳图》。

③ 胡祥翰辑：《西湖新志》卷四：“今乃满植桑株。所谓苏堤杨柳，斫伐都尽。”

树，从而使苏堤自古以来“隔株杨柳隔株桃”的传统景观被消除了。抗战胜利后，当时的杭州市长周象贤把苏堤上的樱花全部除去，移植到他处，并在苏堤上补种桃花。

解放以后，1950 年就开始加高加宽苏堤的堤身，修筑沿湖游步道，设置座椅。此后，1953 年、1954 年、1957 年、1965 年又陆续对西湖的湖塴进行了局部治理，苏堤堤面上浇铺了沥青路面，还修建了三座精致的亭榭。近十年来，随着西湖综合保护工程的开展，对苏堤的整修也同时进行，经过精心的改造，如今的苏堤已焕然一新。

三、南宋时期对西湖的历次疏浚

宋室南渡，在杭州建立了行都。在南宋定都临安府后，杭州人口骤增，城市也随之日益扩大，市面繁荣，商业发达，成为当时全国第一大城市。

当时，杭州城的基本供应来源是“南柴、北米、东菜、西水”，西湖仍是杭州城内用水的重要水源。而且城内诸河的河水，也多由西湖供水，西湖更进一步成为这个百万人口城市的命脉所系，所以在整个南宋一朝，对西湖的整治，确也是不遗余力的。

定都杭州以后，随着杭州城市职能的变化，西湖又增加了一项新的重要职能——旅游业。南宋以前，西湖除了它的天然景致以外，人工的雕琢并不多。即使在吴越国建都的八十多年中，虽然屡有兴建土木，但也多限于寺院、浮屠等佛教建筑。而自南宋以后，除了朝廷在西湖边营造宫室外，举凡王室、官宦、城市富商等，都竞相在西湖边从事宅院、园囿、亭台楼阁等建筑，西湖成为京都的游览胜地。当时作为帝都的杭州城，“生齿日富，湖山表里，点饰漫繁，离宫别墅，梵语仙居，舞榭歌楼，彤碧辉列，丰媚极矣”。[①]《咸淳临安志》卷三《西湖》说：“西湖……自唐及国朝，号游观胜地，中兴以来，衣冠之集、舟车之舍，民物阜蕃，宫室巨丽，尤非昔比。”说明杭州从州治上升为京都之后，西湖的重要性也随之

① 田汝成：《西湖游览志》卷一《西湖总叙》。

提高,因之对西湖的修理整治也比较频繁。正如雍正朝《西湖志》卷一《水利》所说:"南渡后,郡为行都,衣冠毕会,商贾云集,虽无恢复远略,而言水利者,历世多有。"南宋君臣成天嬉游逸乐,流连徜徉于湖山之间,不复汴京之泪。柳永的一篇《望海潮》,把杭州的"东南形胜,三吴会都,烟柳画桥,参差十万人家"写得淋漓尽致,以至于金主完颜亮闻歌观画,遂起投鞭长江,挥兵南侵,"饮马吴山第一峰"之意。林升的一首"山外青山楼外楼,西湖歌舞几时休?暖风熏得游人醉,直把杭州作汴州",更是把南宋王朝沉迷于山水声色,刻画得如绘如临。

为享乐的需要,南宋历代都不惜工本营建西湖,历任知府都视治理西湖为重要政绩。在南宋定都杭州的次年,即绍兴九年(1139),临安知府张澄就立即开始治理西湖,到宋灭为止,共进行了七次较大规模的疏浚。

绍兴八年(1138)二月,右朝请大夫、集英殿修撰、知建康府张澄被任为临安府知府,由此开始了南宋朝对西湖的治理。他到任后,首先就开始治理城内的运河。在任职当年,他就上书朝廷,指出临安府乃驻跸之地,运送物资的舟船往来频繁,而城中运河由于年久失修,堵塞已久,因此请求调集两浙诸州的壮民和厢兵千余人来疏浚运河,并保证"半年之外,河流无壅塞矣"①,后来果然如期治好了运河。

有了修治运河的成果,于是就在次年,开始了全面疏浚西湖。他首先奏准招置了专职的治湖厢军兵士二百人,由钱塘县尉兼领其事,专门负责疏浚西湖事宜。这是西湖治理史上的第一支专职浚湖队伍。在疏浚的同时,他还针对当时侵占西湖为田十分严重的情况,下令严禁"包占种田,沃以粪土",如有违反,即"重置于法",禁止侵占湖面为田地,同时也为了防止粪土对湖水的污染。②

张澄知临安府三年满任后,就调离了杭州。绍兴十四年(1144),他又从绍兴府调往临安府,再为知府。③

---

① 李心传:《建炎以来系年要录》卷一二三,绍兴八年十一月癸巳条。

② 《宋史》卷九七《河渠七·东南诸水下》载:"绍兴九年,以张澄奏请,命临安府招置厢军兵士二百人,委钱塘县尉兼领其事,专一浚湖;若包占种田,沃以粪土,重寘于法。"

③ 周淙:《乾道临安志》卷三《牧守》。

张澄治理过后，西湖被占为田的情况有了一定程度的改善。但时隔不久，禁侵占的法令又逐渐松弛了。到绍兴十七年(1147)的时候，甚至连宋高宗本人都已注意到西湖被侵占为田地的严重情况，特意对身边的宰执大臣等人说："临安居民皆汲西湖。近来为人扑买作田，种菱藕之类，沃以粪秽，岂得为便？况诸库引而造酒，用于祭祀，尤非所宜。可禁止之。"[①]于是，便有了此后汤鹏举的治西湖之举。

绍兴十八年六月，中奉大夫、直秘阁、两浙转运判官汤鹏举除直敷文阁知临安府。次年七月，朝廷发现西湖秽浊湮塞又趋严重，即下诏令临安府采取措施进行治理。汤鹏举接诏后，经过仔细研究，向朝廷申明了西湖条画的具体事宜，开始组织人员治理西湖，清除湖面的葑草。

这次治理西湖的具体措施，在汤鹏举上奏的《撩湖事宜》[②]中，作了较为详细的阐述：

> 一、检准绍兴九年八月指挥，许本府招置厢军兵士二百人，见管止有四十余人。今已措置拨填，凑及元额，盖造寨屋舟船，专一撩湖，不许他役。一、契勘绍兴九年八月指挥，差钱塘县尉兼管开湖职事。臣今欲专差武臣一员知通，逐时检察，庶几积日累月开撩，不致依旧堙塞。一、契勘西湖所种茭菱，往往于湖中取泥葑，夹和粪秽，包根坠种，及不时浇灌秽污。绍兴十七年六月申明：今后永不许请佃栽种。今来又复重置莲荷，填塞湖港。臣已将莲荷租课官钱并已除放讫。如有违犯之人，科罪；追赏有官人。具申朝廷，取旨施行。

从奏议内容来看，他的主要措施首先是补足开湖军兵，恢复到绍兴九年的二百人；同时改变了由钱塘县尉兼领浚湖的做法，不仅由钱塘县尉兼管，还委派了武臣一人专司撩湖事宜，负责开展日常的治理工作，逐时检查，并配行船只、寨屋，作为浚治西湖的专用。开湖厢军无需再

① 熊克：《中兴小纪》卷三三，绍兴十七年六月癸巳条。
② 引自雍正朝《西湖志》卷一《水利一》。

兼任其他的职责，专门负责常年的撩除淤泥葑草工作，使西湖无致湮塞。最后，又改变了原先允许湖中种植的做法，不再允许在西湖中“请佃栽种”，重申“永不许请佃栽种”的法令，规定如有违犯之人，一律科罪追偿。

从上述内容看，对西湖的治理措施，更加具体、有效，管理水平又进了一步。

在治理西湖以外，汤鹏举还重新修砌六井的阴窦和各个水口，增置斗门闸板，量度水势，按照湖水蓄积深浅的实际情况，放水入井，使其得以流通，无垢污之患。①

周淙，湖州长兴人，乾道三年(1167)，进直龙图阁，除两浙转运副使，知临安府。乾道五年，除秘阁修撰，进右文殿修撰，知临安府。他在临安知府任间，曾修纂《乾道临安志》，是“临安三志”中最早的一部。

当时杭州人口不断增加，河道淤塞，于是周淙首先就开始维修六井和运河。在乾道三年任职之初，就开始再次维修六井。他在《修六井记》中说，自熙宁五年(1072)知州陈襄整治六井，到元祐五年苏轼重新浚治时，才过了十八年，“井已废坏”；而从元祐五年至今已八十年，“率多湮涸，白龟池且为大姓所据，(周)淙念此邦为东南都会，生齿阜繁，况今辇毂所驻，四方辐辏，百司庶府，千乘万骑，资于水者，十倍昔时”，提出要修治六井。在得到朝廷许可后，他首先治理北宋知府沈遘所开的惠迁井，改用新石，坚厚高广，过昔数倍。接着修治唐代李泌六井；修完六井后，继又修浚城内其余尚有泉水的古井，使“城内外，莫不足于水矣”，为城内居民饮水提供了方便。

修完诸井之后，他又开始疏浚城中的河道。乾道四年，他出公帑钱三十万，米一万六千斛，招集“游手之民”，疏浚河道一千二百五十余丈。同时，建立了巡河铺屋三十所，备有撩河船三十只，“日役军兵六十”，加强管理与浚治。这一举动获得时人好评，“人以治办称之”。次年，他又重修了保安闸和浙江浑水、清水闸，并奏请朝廷，专门设立“监官”一员，管理五个闸门的开闭与维修。经过这次浚治，城内诸河保持了六七十

① 潜说友：《咸淳临安志》卷三二《西湖》。

年的畅通。

乾道五年，在修完六井和诸河后，周淙便开始治理西湖。关于这次疏浚，《咸淳临安志》卷三二《西湖》作了详述：

> 乾道五年，周安抚淙奏：臣窃惟西湖所贵深阔，而引水入城中诸井，尤在涓洁。累降指挥，禁止抛弃粪土，栽植茭菱及浣衣洗马，秽污湖水。罪赏固已严备。旧招军兵二百人专一撩湖，委钱塘县尉主管，后来废阙，见存止三十五名。而有力之家，又复请佃湖面，转令人户租赁，栽种茭菱，因缘包占，增叠堤岸，日益填塞。深虑岁久，西湖愈狭，水源不通。臣近已重修诸井沟口了毕，今欲增置撩湖军兵一百人，修盖寨屋，置造舟船，就委钱塘县尉并本府壕寨官一员，于衔位内带主管开湖事，专一管辖军兵开撩。不许人户请佃，种植茭菱及因而包占，增叠堤岸。或有违戾，许人告捉，以违制论。旨从之。

撩湖兵原来的编制是二百人，而当时仅剩三十五人，缺失过多，于是就将之增添到一百人，委派钱塘县尉以及壕寨官一员共同管理。湖内禁止占种茭菱，严禁侵占，同时禁止官民抛弃粪土、垃圾污染湖水，违者按苏轼旧法处理，即“或有违戾，许人告捉，以违制论”。①

经过周淙这一系列的整治，西湖以及杭州的水利情况有了很大的改善。

《宋史》卷九七《河渠志七·东南诸水下》中有这样一段记载：“二十九年，临安守臣言：‘西湖冒佃侵多，葑茭蔓延，西南一带已成平陆。而濒湖之民，每以葑草围裹，种植荷花，骎骎不已。恐数十年后，西湖遂淤，将如越之鉴湖，不可复矣。乞一切芟除，务令净尽；禁约居民，不得再有围裹。’从之。”

关于《宋史》记载的这次西湖治理，诸书中的记载不一。张建庭主编的《碧波盈盈》一书中，以为此处的时间应为“绍兴二十九年(1159)”，

---

① 吴自牧：《梦粱录》卷一二《西湖》。

因此认为此处的"临安守臣"应该就是当年的临安知府赵子潚。但是《宋史》在此段记载前还有"绍兴九年,以张澄奏请……十九年,守臣汤鹏举奏请重开。乾道五年,守臣周淙言西湖水面唯务深阔……"等语。从记载的时间顺序来看,似不应将绍兴二十九年之事记在乾道五年(1169)之后。因此,1977年中华书局出版的标点校勘本《宋史》,校点者查对了《宋会要辑稿》八之三二,依《宋会要辑稿》的记录而改定了此处《宋史》的记载,将"二十九年"改作"乾道九年",但下有注解,说明原文作"二十九"。杭州师范大学的林正秋先生查阅了南宋时期的临安知府表后,发现乾道九年"这一年的知府较为特殊,皇太子于乾道七年四月兼临安府尹,于乾道九年四月免尹。乾道九年正月至淳熙元年沈度为知府",因此认为这次的疏浚西湖"定为沈度任知府时所为"。[①] 此处林正秋先生的说法应该是比较合理的,本书从林说,认为这次治理是乾道九年(1173),临安知府沈度所主持进行的。

南宋时期,杭州历届地方官对西湖的治理,基本上是一任接一任,持续不断的。淳熙十二年(1185)五月,张杓以两浙转运副使知临安府,次年便开始整治钱塘江堤和西湖。他专门设置修江卒以抗御潮水,并疏浚了西湖积年的壅滞,又一一修复石函三闸和六井。

淳熙十六年(1189)四月,张杓又以权兵部尚书再兼知临安府,再次治理西湖。当时有一个内侍毛伯益,侵占了西湖水面,擅自建造私家园亭,还寻衅与邻人械斗,被抓捕后,又企图仗势将所犯罪行私了,以求免罪。张杓凛然说道"吾官可去,法不可屈",最终将毛伯益绳之以法。[②]

经过上述几次治理,西湖的环境与水质都保持了较良好的状态,这和南宋前期几任知府对西湖治理的重视是密不可分的,大致相隔十多年,就要开展一次较大规模的治理,并制定相应的规定来保证,这样,才使西湖的环境与水质保持了六七十年之久的良好水平。

宋代治理西湖,还有一位贡献较大而鲜为人知的人物,这就是南宋淳祐年间的赵与𥲅。

---

① 林正秋:《杭州西湖历代疏浚史(下)》,《现代城市》2007年第4期。

② 雍正朝《西湖志》卷一《水利一》。

赵与篡(1179—1260),字德渊,号节斋,原居湖州(今浙江湖州),为宋太祖赵匡胤的十世孙。宁宗嘉定十三年(1220)进士,官至吏部尚书。理宗淳祐元年(1241)四月升任临安知府,直至淳祐十二年正月离任,在杭州任职竟长达十一年之久,颇有政绩。

张杓治西湖几十年后,西湖湖面又逐渐变得狭小。当初北宋苏轼治理西湖时,曾允许沿湖农户适当租佃湖面种茭菱,主要目的是为了阻止葑草的蔓生,并以所课利钱来维护今后对西湖的治理,以保西湖永不葑合。但随着宋室南渡,作为行都的杭州人口剧增,对茭、菱等食物的需求大增,随之的种植量也相应增加,使得菱荡反而成为西湖葑合的一个原因。因此到淳祐时,便有官吏在给皇帝的奏议中指出,"比年以来,沿湖居民私殖菱荡之利,日增日广,湖面浸狭"。西湖沿湖一带的居民,为了一己之利,私自垦殖菱荡的现象已越来越严重,以致西湖湖体面积日益缩小,如果遇到下雨天气,湖水很容易浑浊,影响杭城居民的日常饮用。但这一奏议,不知为什么并没有得到朝廷的重视。

淳祐七年(1247),西湖出现了"百年之未见"的大旱,西湖湖水尽涸,湖底朝天,原先的"汪洋之区,化为平陆,浅流一线,其浊如泥,父老皆以为百年之未见"。而城中的诸井也干涸无水,一时水荒严重,人心惶惶。在这样的情况下,朝廷于是紧急下令临安府疏浚西湖,"以壮风水,以便民利"。

接到诏令后,赵与篡与幕僚紧急磋商,对西湖的四面都进行了开浚,极力拓宽了西湖的面积,"尽除翳塞,稍复承平之旧",并上奏朝廷,提出了一整套的治湖措施。

针对当时井水"愈见浑浊,有妨食用"的现状,他首先将六井的入水口开掘得更为深广,以潴蓄更多的湖中之水,以资城内居民日常之用。同时还加固了引水阴窦,"石板甃砌,木楗外护,环以围墙,建立碑亭",加强了保护管理的措施。第二步是进一步开浚港脉,使之变得深阔,便于湖中舟船的往来。待港脉疏通后,再划分地段,派人挖掘葑泥,以恢复西湖的旧貌。最后,他还花重金买回水口附近的荷荡。西湖边从涌金门北至钱塘门一带的荷荡,正是六井的水口,一直为豪势的府第占据,租佃牟利,填塞秽浊。为了都城发展的长远之利,他又支拨三万贯

钱,花巨资买回被府第占据的涌金门至钱塘门一带的荷荡,尽除自六井至钱塘门、上船亭、西林桥、北山第一桥、高桥、苏堤、三塔、南新路、柳洲寺前等处的杂草以及菱、荷、茭等的根茎,澄滤湖水,不让它们存留在湖中腐烂后污染湖水;并立石为界,规定舟船不得入,滓秽不得侵,以保持饮用水源的长年清洁。[①]

在治理西湖的同时,为了保证城中居民的日常用水不受旱灾的影响,赵与篙还在钱塘县尉司北侧地段,大约在今西湖望湖亭下开凿一渠,沟通西湖和余杭塘河,引天目山水(南苕溪),自余杭河,经蔡家渡口、清水港、下湖河、羊角梗、八字桥,最后到达溜水桥斗门,以补充西湖水量的不足。由于钱塘县尉司以北一带地势远远低于西湖的水平面,因此余杭塘河水不可能自行流入西湖。为此,他还令人在引水渠道上自北而南,按地势升高,逐段筑起一道道水坝,每道水坝间用桔槔运水而上,最后注入西湖,供城内居民的饮用。在他的精心治理下,西湖终于和过去一样,湖水充盈清澈。[②]

治理西湖以外,赵与篙还以余力修治了城外的运河。当年夏天由于大旱,新开运河河水干涸,城内米价骤增,赵与篙又奏请朝廷,组织民工分两段疏浚:从武林门外北新桥至狗葬(今勾庄)为一段,开阔三尺,深四尺;从狗葬至奉口(今獐山),开阔一丈。[③]

此外,淳祐二年(1242),赵与篙还主持兴筑了小新堤,堤呈东西走向,长二百五十丈,广皆十五尺,自北新路第二桥之东浦桥至曲院,以通灵隐、天竺。此堤两头分别与苏堤和灵隐天竺路相接,堤北为岳湖,堤西为金沙港,夹堤种植有各种花草和柳树等,与苏堤相似。在堤的中段还修建了一个四面堂,并在道路左边建了三个亭,以供游人休憩。这条堤,后来被民间尊称为“赵公堤”,以纪念赵与篙在杭州的功绩。同年,他还整修了西湖周边的名胜古迹,如修复唐代仆射韩皋在飞来峰建造

---

① 吴自牧:《梦粱录》卷一二《西湖》。

② 《梦粱录》卷一二《下湖》:“淳祐年,西湖水涸,城内诸井亦竭,尹京赵节斋给官钱米,命工自钱塘尉廨北望湖亭下凿渠,引天目山水,自余杭河经张家渡河口达于溜水桥斗门,凡作数坝,用车运水经西湖,庶得流通,城中诸市民,赖其利也。”

③ 赵与篙:《淳祐临安志》卷一〇《城外运河》。

的候仙亭,在冷泉建筑了鳌雷亭等。

淳祐九年春,因连日大雨,西湖湖水泛滥,水溢堤上,冲决了小新堤。于是赵与簒又组织民工重行修筑,并比以前增高了二尺左右。自此,小新堤从北山至南山六百六十九丈,帮阔六丈五尺;至曲院小新路段一百九十七丈,帮阔三丈五尺。

咸淳五年(1269),朝廷拨款重修小新堤,再次增高堤路二尺许,拓宽为二十五尺,长二百五十丈。于是,这里遂成为山青水绿之处,"最堪观玩"。此后堤废,清代在此附近筑金沙堤。民国期间修建马路后,堤断续难辨,因旧时的曲院在今洪春桥旁,故可推知现金沙港路大致为原赵公堤走向。

咸淳四年(1268)闰正月,潜说友以朝散郎、直秘阁、两浙运副使除司农少卿,兼知临安府。潜说友,字君高,号赤壁子,淳祐元年(1241)进士,是南宋时期的一位著名书法家、文学家和政治家。在知杭州期间,他兴修水利、整修西湖,惩办污染西湖之陋习,并大规模修建杭州的街道、楼宇、粮仓、饮用水井等,为杭州城市的建设作了很大的贡献。在职期间,他还主持编修了《咸淳临安志》,是杭州历史上保存最完备、卷数最多的一部地方志。

咸淳年间,有御药院内臣陈敏贤、刘公正包占西湖水面,盖造屋宇,洗涤秽物,并用湖水来洗马,并将污水注入湖中,污染湖水。于是殿中御史鲍度上书弹劾,劾奏二人严重污染西湖水域:"陈敏贤……广造屋宇于灵芝寺前水池,庖厨湢室,悉处其上,诸库酝造,由此池灌以入天地祖宗之祠,将不得蠲洁而亏歆受之福……刘公正,广造屋宇于李相国祠前水池,濯秽洗马,无所不施,一城食用,由此池灌注,以入亿兆黎元之生,将共饮污腻而起疾病之灾。"[①]此劾奏得到朝廷的支持与御笔批准,并下旨令鲍度查办陈、刘等人,将陈敏贤降一官放罢,刘公正降为祠禄官(一种闲职)。同时,对西湖进行了疏浚,令临安府拆毁所盖屋宇,辟为水港,"拆除所占水口,付临安府交管",并没收包占水面之所得。又对原由官府收取利租而允许种植的田户,给予除籍、免租、令其另谋生

① 潜说友:《咸淳临安志》卷三三《山川十二·六井》。

计的处理,从而杜绝了占湖种植行为的再次发生。

乘此大好时机,咸淳六年(1270),潜说友遂"申请于朝,乞行除拆湖中菱荷,毋得存留秽塞,侵占湖岸之间"①,得到了御笔批示,于是开始对西湖进行疏浚,清除湖中菱荷,禁止人们乱抛粪土、栽菱荷及浣衣洗马,以保持湖水清洁。经过他的这次治理,西湖"草木润而鱼鸟乐",保持了较好的生态环境。

在治理西湖的过程中,他特别注意对六井水口的清理。派人摸清西湖水口污秽的情况,对六井的水口及水渠"壅者疏之,狭者光之,石渠之圮者改造之,堤岸之夷者陪筑之",保证了水口的清洁与引水沟渠的流畅。又"更作石筒,袤一千七百尺,深广倍旧,外捍内锢,益坚缜,然后水大至,每五十尺,穴而封之,以备淘浣,且于水所从分之处,浚海子口以澄其源,井之上覆以巨石,为四穿,以便民汲。南为沟,以达于金文桥之河,俾船水以售者取焉,撤亭而新之,极宏敞,旁为神祠,置守者,使无敢污漫。又别为沟,疏恶水,行于路之北,所以为井虑者备焉"。②

在治六井之外,潜说友又疏浚维修城内各处水井二十多处,深扩加固;井上加盖石盖,并建亭保护,改善百姓饮水条件。并遣民工开挖一口南北长达一百十尺的大水池,使皇宫以南的居民"皆恃此防虞以为安矣"。

对于苏堤,也作了修整。他命人"载砺运土",将苏堤普遍填高二尺,增宽至六丈;堤上原建九亭,也加以刷新,堤之两岸又补种花木数百株。

城内诸河经过乾道年间的浚治,保持了六七十年的畅通期。但到了咸淳年间,重又出现淤塞现象。于是,潜说友又再次大规模开修河道,"一自断河至清湖桥,凡四千二百一十尺;一自观桥西至杨四姑桥,凡二千三百三十五尺。浅者浚、狭者拓、圮者筑、阙者补。楗以坚木,甃以巨石。阑垣门步,焕然一新。经术坦夷,人行砥上。断河地近吴山,每大雨,流潦挟草壤杂至,乃即其处穿海子口,深三丈余,置铁窗棂以酾

① 吴自牧:《梦粱录》卷一二《西湖》。

② 潜说友:《咸淳临安志》卷三三《山川十二·六井》

之，使浮秽不入于海；置澄水闸以限之，使恶流不入于河。夹河人家濯清挹洁，与滨湖无异。鱼虾至，游泳其中。观桥西连礼闱太一宫，旧沿河皆矮土墙。乃易以砖石，中贯以木，其高七尺余，袤以尺计者一千九百八十，皆前所未有也”。[①]

由此，潜说友对西湖、六井、城河等都作了全面的整治，还修过河上的各座桥梁，对杭州的水利事业作出了巨大的贡献。

综观宋代的历次疏浚，可以看出，两宋时期对于西湖的治理，基本上是前后一贯持续进行的，官员在具体的治理工作中也比较认真有效，官府查处违法占湖的措施也比较严厉而及时，对西湖水域的保护起到了重要作用，因此，总体上来看，“终宋之世，湖无壅淤之患”。[②] 而之所以能形成并维持这样的局面与结果，显然与杭州、西湖作为吴越故都、南宋都城有着极为重要的关系。同时，地方行政长官的长远眼光和务实态度，也起到了不可或缺的作用。

然而，在宋代的浚湖中，也存在着一些不完善之处。比如政府所设立的西湖开撩机构，就往往陷于有名无实的局面。在北宋苏轼治理西湖时，曾设立了“开湖司公使库”，作为管理西湖的专职机构，此机构可以使用所收的菱荡课利以维持对西湖的日常管理，并以钱塘县尉兼管开湖司公事。可是在南宋初年，这一机构早就不存在了。因此在绍兴九年(1139)的治理过程中，知府张澄才请求招置厢兵二百人，由钱塘县尉兼领其事，专门负责浚湖。但十年以后的绍兴十九年(1149)，人数就大大缩减到四十多人了，知府汤鹏举才不得不又再度“凑及元额”。至乾道五年(1169)，安抚周淙又称撩湖军兵“见存止三十五名”，于是又增至一百人。然而，四年以后的乾道九年，又出现了“所存止二十有五人”的情形。其他种种禁令措施，亦往往始严而后弛，才使得每次疏浚过后，长不过三四十年，短的只有十几年，就要开始新一轮的疏浚。

① 潜说友：《咸淳临安志》卷三五《山川十四·清湖河》。

② 雍正朝《西湖志》卷一《水利一》。

附：

苏轼:《申三省起请开湖六条状》

元祐五年五月初五日，龙图阁学士左朝奉郎知杭州苏轼状申。轼于熙宁中通判杭州，访问民间疾苦。父老皆云："惟苦运河淤塞。远则五年，近则三年，率常一开后，不独劳役兵民，而运河自州前至北郭穿阛阓中，盖十四五里，每将兴工，市肆汹动，公私骚然，自胥吏壕寨兵级等，皆能恐喝人户，或云当于某处置土，某处过泥水，则居者皆有失业之忧，既得重赂，又转而之他。及工役既毕，则房廊邸店，作践狼藉，园囿隙地，例成丘阜，积雨荡濯，复入河中，居民患厌，未易悉数。若三五年失开，则公私壅滞，以尺寸水欲行数百斛舟，人牛力尽，跬步千里，虽监司使命，有数日不能出郭者。其余艰阻，固不待言。"问其所以频开屡塞之由。皆云："龙山、浙江两闸，日纳潮水，泥沙浑浊，一汛一淤，积日稍久，便及四五尺，其势当然，不足怪也。"轼又问言："潮水淤塞，非独近岁，若自唐以来如此，则城中皆为丘阜，无复平田。今验所在，堆叠泥沙，不过三五十年所积耳，其故何也?"父老皆言："钱氏有国时，郡城之东有小堰门，既云小堰，则容有大者。昔人以大小二堰隔截江水，不放入城，则城中诸河，专用西湖水，水既清彻，无由淤塞。而余杭门外地名半道洪者，亦有堰名为清河，意似爱惜湖水，不令走下。自天禧中，故相王钦若知杭州，始坏此堰，以快目下舟楫往来，今七十余年矣，以意度之，必自此后湖水不足于用，而取足于江潮。又况今者西湖日就堙塞，昔之水面，半为葑田，霖潦之际，无所潴畜，流溢害田，而干旱之月，湖自减涸，不能复及运河。"

谨按唐长庆中刺史白居易浚治西湖，作《石函记》，其略曰："自钱塘至盐官界应溉夹河田者，皆放湖入河，自河入田，每减一寸，可溉十五顷，每一伏时，可溉五十顷。若堤防如法，蓄泄及时，则濒河千顷，无凶年矣。"由此观之，西湖之水，尚能自运河入田以溉千顷，则运河足用可知也。轼于是时，虽知此利害，而讲求其方，未得要便。今者蒙恩出典此州，自去年七月到任，首见运河干浅，使客出入艰苦万状，谷米薪刍，亦缘此暴贵，寻划刷捍江兵士及诸色厢军得千余人，自十月兴工，至今年四月终，开浚茅山、盐桥二河，各十余里，皆有水八尺以上。见今公私

舟船通利。

父老皆言:“自三十年以来,开河未有若此深快者也。”然潮水日至,淤填如旧,则三五年间,前功复弃。轼方讲问其策,而临濮县主簿监在城商税苏坚建议曰:“江潮灌注城中诸河,岁月已久,若遽用钱氏故事,以堰闸却之,令自城外转过,不惟事体稍大,而湖面葑合,积水不多,虽引入城,未可全恃,宜参酌古今,且用中策。今城中运河有二,其一曰茅山河,南抵龙山浙江闸口,而北出天宗门。其一曰盐桥河,南至州前碧波亭下,东合茅山河,而北出余杭门。余杭、天宗二门,东西相望,不及三百步。二河合于门外,以北抵长河堰下。今宜于钤辖司前创置一闸,每遇潮上,则暂闭此闸,令龙山浙江潮水,径从茅山河出天宗门,候一两时辰,潮平水清,然后开闸,则盐桥一河过阛阓中者,永无潮水淤塞、开淘搔扰之患。而茅山河纵复淤填,乃在人户稀少村落相半之中,虽不免开淘,而泥土有可堆积,不为人患。潮水自茅山河行十余里至梅家桥下,始与盐桥河相通,潮已行远,泥沙澄坠,虽入盐桥河,亦不淤填。(自来潮水入茅山、盐桥二河,只淤填十里,自十里以外,不曾开淘,此已然之明效也。)茅山河既日受潮水,无缘涸竭,而盐桥河底低茅山河底四尺,(梅家桥下,量得水深四尺,而碧波亭前,水深八尺。)则盐桥河亦无涸竭之理。然犹当过虑,以备乏水。今西湖水贯城以入于清湖河者,大小凡五道。(一、暗门外斗门一所。一、涌金门外水闸一所。一、集贤亭前水笕一所。一、集贤亭后水闸一所。一、菩提寺前斗门一所。)皆自清湖河而下以北出余杭门,不复与城中运河相灌输,此最可惜。宜于涌金门内小河中,置一小堰,使暗门、涌金门二道所引湖水,皆入法慧寺东沟中,南行九十一丈,则凿为新沟二十六丈,以东达于承天寺东之沟,又南行九十丈,复凿为新沟一百有七丈,以东入于猫儿桥河口,自猫儿桥河口入新水门,以入于盐桥河,则咫尺之近矣。此河下流,则江潮清水之所入,上流,则西湖活水之所注,永无乏绝之忧矣。而湖水所过,皆阛阓曲折之间,颇作石柜贮水,使民得汲用浣濯,且以备火灾,其利甚博。此所谓参酌古今而用中策也。”

轼寻以坚之言使通直郎知仁和县事黄僎相度可否,及率僚吏躬亲验视,一一皆如坚言,可成无疑也。谨以四月二十日兴功开导及作堰

闸，且以余力修完六井，(杭州城中多卤地，无甘井。唐刺史李泌始作六井，皆引湖水注其中，岁久不治。熙宁中，知州陈襄与轼同擘画修完，而功不坚，至今复废坏。轼今改作瓦筒，又以砖石培甃固护，可以坚久。)皆不过数月，可以成就。而本州父老农民睹此利便，相率诣轼陈状，凡一百一十五人，皆言："西湖之利，上自运河，下及民田，亿万生聚，饮食所资，非止为游观之美，而近年以来，堙塞几半，水面日减，茭葑日滋，更二十年，无西湖矣。"劝轼因此尽力开之。轼既深愧其言，而患兵工寡少，费用之资无所从出。父老皆言："窃闻朝廷近赐度牒一百道，每道一百七十贯，为钱一万七千贯。本州既高估米价，召人入中，减价出粜，以济饥民，消折之余，尚有米钱约共一万贯石，若支用此，亦足以集事矣。"

适会钱塘县尉许敦仁建言西湖可开状，其略曰："议者欲开西湖久矣，自太守郑公戬以来，苟有志于民者，莫不以此为急，然皆用工灭裂，又无以善其后。盖西湖水浅，茭葑壮猛，虽尽力开撩，而三二年间，人工不继，则随手葑合，与不开同。窃见吴人种菱，每岁之春，芟除涝漉，寸草不遗，然后下种。若将葑田变为菱荡，永无茭草堙塞之患。今乞用上件钱米，雇人开湖，候开成湖面，即给与人户，量出课利，作菱荡租佃，获利既厚，岁岁加工，若稍不除治，微生茭葑，即许人划赁，但使人户常忧划夺，自然尽力，永无后患。今有钱米一万贯石，度所雇得十万工，每工约开葑一丈，亦可添得十万丈水面，不为小补(若量破钱米召募饥民兴役，必不济事。若每日破米三升钱五十五文足，雇一强壮人夫，然后可使。虽云强壮，然艰食之岁，使数千人得食其力以度凶年，亦归于赈济也")。

轼寻以敦仁之策，参考众议，皆谓允当。已一面牒本州依敦仁擘画，支上件钱米雇人，仍差捍江船务楼店务兵士共五百人，般载葑草，于四月二十八日兴工去讫。今来有合行起请事件，谨具画一如左。

一、今来所创置钤辖司前一闸，虽每遇潮上，闭闸一两时辰，而公私舟船欲出入闸者，自须先期出入，必不肯端坐以待闭闸，兼更有茅山一河自可通行，以此实无阻滞之患，而能隔截江潮，径自茅山河出天宗门，至盐桥一河，永无堙塞开淘搔扰之患，为利不小。恐来者不知本末，以阻滞为言，轻有变改，积以岁月，旧患复作，今来起请新置钤辖司前一

闸，遇潮上闭讫，方得开龙山浙江闸，候潮平水清，方得却开钤辖司前闸。

一、盐桥运河岸上，有治平四年提刑元积中所立石刻，为人户屋舍侵占牵路已行除拆外，具载阔狭丈尺。今方二十余年，而两岸人户复侵占牵路，盖屋数千间，却于屋外别作牵路，以致河道日就浅窄。准此，据理并合拆除，本州方行相度，而人户相率经州，乞遽逐人家后丈尺，各作木岸，以护河堤，仍据所侵占地量出赁钱，官为桩管准备修补木岸，乞免拆除屋舍。本州已依状施行去讫。今来起请应占牵路人户所出赁钱，并送通判厅收管，准备修补河岸，不得别将支用，如违，并科违制。

一、自来西湖水面，不许人租佃，惟茭葑之地，方许请赁种植。今来既将葑田开成水面，须至给与人户请佃种菱。深虑岁久人户日渐侵占旧来水面种植，官司无由觉察，已指挥本州候开湖了日，于今来新开界上，立小石塔三五所，相望为界，亦须至立条约束。今来起请，应石塔以内水面，不得请射及侵占种植，如违，许人告，每丈支赏钱五贯文省，以犯人家财充。

一、湖上种菱人户，自来裔割葑地，如田塍状，以为疆界。缘此即渐葑合，不可不禁。今来起请应种菱人户，只得标插竹木为四至，不得以裔葑为界，如违，亦许人划赁。

一、本州公使库，自来收西湖菱草荡课利钱四百五十四贯，充公使。今来既开草葑，尽变为菱荡，给与人户租佃，即今后课利，亦必稍增。若拨入公使库，未为稳便。今来起请欲乞应西湖上新旧菱荡课利，并委自本州量立课额，今后永不得增添。如人户不切除治，致少有草葑，即许人划赁，其划赁人，特与权免三年课利。所有新旧菱荡课利钱，尽送钱塘县尉司收管，谓之开湖司公使库，更不得支用，以备逐年雇人开葑撩浅，如敢别将支用，并科违制。

一、钱塘县尉廨宇，在西湖上。今来起请今后差钱塘县尉衔位内带管勾开湖司公事，常切点检，才有茭葑，即依法施行。或支开湖司钱物，雇人开撩替日，委后政点检交割。如有茭葑不切除治，即申所属点检，申吏部理为违制。

以上六条，并刻石置知州及钱塘县尉厅上，常切点检。

右谨件如前。勘会西湖葑田共二十五万余丈，合用人夫二十余万工。上件钱米，约可雇十万工，只开得一半。轼已具状奏闻，乞别赐度牒五十道，通成一百道，充开湖费用外，所有逐一子细利害，不敢一一紊烦天听。伏乞仆射相公、门下侍郎、中书侍郎、尚书左丞、尚书右丞特赐详览前件所陈利害，及起请六事，逐一敷奏，立为本州条贯，早赐降下，依禀施行。兼画成地图一面，随状纳上，谨具状申三省，谨状。

第六章 明代对西湖的治理

南宋灭亡以后，杭州从都城降为江浙行省省会，改名杭州路。南宋时期湖上的烟水暖风、四季美景，被元朝统治者认为是导致南宋君臣沉溺于寻欢作乐而终于亡国的祸根，“其时君相淫佚，荒恢复之谋，论者皆以西湖为尤物破国，比之西施云。元惩宋辙，废而不治，兼政无纲纪，任民规窃”。[①] 因此在元朝统治近百年时间内，除了元世祖至元年间曾一度疏浚过西湖外，终元一世，未曾对西湖做过像样的疏浚。杭州的地方官府尽管也曾开浚候潮门以南的运河及龙山河，然而历任地方长官，却无一人治理过西湖，以致西湖再度淤塞，造成了环湖荒芜，河堤倒坍，湖中长满葑草，湖周泥土淤积，湖面杂草蔓合壅塞，满目凄凉。“沿边泥淤之处没为茭田荷荡，属于豪民；湖西一带葑草合，侵塞湖面如野坡然”。[②] 在《元史·河渠志》中，甚至连西湖之名也只字不提。

元初世祖至元期间，一度疏浚过西湖，并于至元二十五年(1288)下令以西湖为放生池，但到了至元二十八年又“弛杭州西湖禽鱼禁，听民网罟”[③]，由此，部分湖面逐渐葑积成了桑田。到元朝后期，据元人笔记记载，西湖沿边泥淤之处，一些富豪贵族常常沿湖围田，强占湖址为自家的园圃池荡，将西湖用篱笆圈起来，在里面种植菱芡桑柘，甚至填土为田，或畚筑为居，使西湖日渐荒芜，湖面大部分已淤为茭田荷荡，特别是湖西一带葑草蔓合，侵塞湖面，状如荒野。

由于不加疏浚，西湖一度几乎不复存在。据记载，当时“苏堤以西

① 田汝成：《西湖游览志》卷一《西湖总叙》。

② 夏时正：《成化杭州府志》卷一《水利》。

③ 《元史》卷一六《世祖十三》。

高者为田，低者为荡，阡陌纵横，尽为桑田，苏堤以东湖水仅留一线”，[①] 民间歌谣“十里湖光十里笆”[②]都形象地说明了当时西湖沼泽化的程度。

一、杨孟瑛之前明代治理西湖概述

明代初期，官府在对西湖的处理上，依然持续着与元代类似的做法，认为游冶山水玩物消志，将亡国责任推给西湖，任凭人们“编笆打围”，“种菱牟利”，延续了对西湖放任不治的态度。如此，经过元代和明初百十年的荒废，西湖堤岸坍毁，湖中长满葑草，秽物横流，呈现极度荒凉景象。当时的情形是，“西湖自宋亡后，历元入明，官无厉禁，为官民寺观侵占，苏堤迤西直抵西山之麓，尽成桑田，仅留六小港以行缺瓜舟子，其酒船无论矣。里湖稍僻，皆成私居。外湖则自苏堤北第一桥迤东，沿西泠桥、孤山，沿城而南，抵南屏为池荡，田庐弥望，湖身窄小。昔称外湖南北十里，今五里而近焉”。[③] 西湖的范围大为缩小，湖底大部朝天，逐渐变成了平地、野陂，分别为官吏、豪门及垦荒者所占有。过去以山麓为岸的湖面，去山日远。苏堤六桥之西，均成池田桑埂，里湖西岸亦同，中仅一港通酒船，湖山美色几近淹没。

更为严重的是，明政府还对元末起占据西湖而成的湖田桑埂正式登记造册，并定下税额，征收田税，实际上承认这种对西湖不合理的侵占，使原先的私占合法化了。根据时人李旻《浚西湖说》的记载，明洪武三年(1370)定湖荡正粮；十四年(1381)始造黄册，各收人户；十九年(1386)又复丈量编号。洪武三年时规定湖荡的征税额度是“每亩二斗七合为则，其抄没官田，多至六斗以上”[④]，就是如此重的税额，而占湖为田的民间还“宝之而不忍舍”，其原因就在于，这些田地是建在原先的

① 田汝成：《西湖游览志》卷一《西湖总叙》。

② 田汝成：《西湖游览志余》卷二四《委巷丛谈》载：“杭歌有之，十里湖光十里笆，编笆都是富豪家。待他享尽功名后，只见湖光不见笆。”

③ 吴农祥：《西湖水利考》。

④ 李旻：《浚西湖说》，收入杭州出版社编《西湖文献集成》第3册。

湖上，故无旱涝之忧，可以大大提高粮食收成。而正因为如此，导致民家更变本加厉地侵占湖面，使苏堤之西统统变成池塘、田地和桑林，甚至湖面最大的外西湖从孤山路南绕湖滨至雷峰塔以西，也因淤塞水浅而难行舟船。据文献记载，当时"苏堤以西高者为田，低者为荡，鳞次作乂，曾不容间。苏堤以东，萦流若带"。[①] 不但影响游览，而且使内河缺水，严重堵塞，还殃及运河，广大濒湖、濒河下游农田得不到湖水灌溉，易遭旱灾，水上交通受到阻滞。

这一状况在明代持续了几十年，直到宣德、正统年间（1426—1449），随着社会经济的恢复和发展，杭州开始恢复元气，日渐繁荣，地方官也才开始关注西湖，逐渐也有人开始倡议浚治西湖。如巡抚都御使刘敷、御史吴文元等都曾提出过疏浚西湖的建议，但由于既得利益的占田者不愿失去自已所占的湖田，即所谓"夺人已纳税之田而斥为湖"，因此反对之声纷纷，有势者"惮更版籍"而百般阻挠，地方官府则担心纳税粮田减少引起税收降低，也予以否定，因此这些浚湖的建议最终都不了了之，"竟致阁寝"。

景泰七年（1456）六月，镇守浙江的兵部尚书孙原贞率先提议开浚西湖，指出由于湖面多年被侵占，导致"湖水浅狭，闸石毁坏"，使"民田无灌溉资，官河亦涩阻"，因此请求开浚西湖，并严侵占之禁。在得到朝廷的同意后，他即用赈灾余款修筑西湖二闸，并向朝廷奏述侵占西湖之危害。[②] 他是明朝官吏中主张疏浚西湖的第一人。

《英宗实录》中有孙原贞当时的奏文，其文如下：

> ……仍旧置闸，蓄泄水利，革民圈占，使湖得深广。周通六井支流，运河旁溉田亩，且无渔户赔课之忧。已令有司勘复所占池荡，并令偿官。而筑修二闸，势不可缓。尝与阮随劝借赈济之余，尚存米谷，可备木石之费。及时僦工，俾令修筑。乞敕有司于农隙之时，量工开浚，禁止豪右，不许侵占湖利，则一郡军民永远便利矣。

---

① 吴之鲸：《武林梵志》卷一二《历朝勋绩》。

② 《明史》卷八八《河渠志六》。

当时一些有识之士已经意识到整治西湖的重要性，提出了许多治理西湖的建议，要求禁止豪强侵占，重新疏浚湖面。根据文献记载，成化中官至两浙者，自都御使至郡守，都曾提议兴修西湖的水利，虽然由于种种原因，“或格于浮议，或设施未竟”，但渐渐地“前作后承，渐见功绪”。①

曾任通政司通政的郡人何琮，是一位很有见识的人，他在成化年间已经绘制了西湖两图，并就西湖的整治提出了自己的一些看法，指出西湖如得不到及时的治理将会导致的恶果。后来成化十九年(1483)的时候，当时的官员按照何琮的记载，将凡过去属于西湖而被人侵占的，不分远近，尽行收回，进行整治，并在修复的地方筑堤，设立标志物，自断桥东起，至雷峰塔而止，长约二千丈。从此，湖面开始重新复原了。

成化十年(1474)，西湖水域已湮塞淤浅过半，到了非治理不可的程度。当时的杭州知府胡浚，顶着风险，在外湖的小范围水面进行了疏浚。

成化十一年，镇守浙江太监李义、浙江布政使宁良、巡抚都御使刘敷、按察副使杨瑄等先后向朝廷陈述浚治西湖之利弊，指出“西湖旧深广，能溉诸邑田至十六万顷，今淤湮过半”，并通过太监李义奏上他们的提议，请求浚复西湖。他们认为“钱塘门左、涌金门右，其间有九渠之一，宜因其旧迹，疏浚为河；构石为桥，以通湖水。外置一闸，时其启闭，以御横流。庶几水利可复”。② 当年七月，工部终于同意了疏浚西湖的奏议。于是，他们于次年在涌金门北开辟水门，导引西湖水自柳洲寺后进入城区，由曲阜桥达城河，深四丈五尺，高九尺，并置铁轮窗棂障隅内外，门内外各为桥，上阔一丈，下阔视水门，而高则减二尺，外桥下又为闸板以防暴涨。后来他们又在昃吾寺(今凤凰寺)附近修建了三桥以通水门，使小船可以经常直接出入湖中挖取淤泥，以使湖水逐步浚深。可是后来由于杨瑄的逝世，此项工程未全部完成。③

---

① 雍正朝《西湖志》卷一《水利一》。

② 《宪宗实录》卷一四三。

③ 徐纮：《明名臣琬琰录》卷一五，杨守陈撰《浙江按察使杨公墓志铭》。

成化十七年(1481),御史谢秉中、布政使刘璋、按察使杨继宗等,继续清理西湖的侵占,治理西湖。不过由于疏浚西湖的阻力非常大,因此这次议开浚西湖时,地方官甚至连临湖查勘之事都不敢直接禀告于宪宗皇帝。在清理续占期间,官府将湖面原有的部分田亩锄去后,为了弥补赋税的不足,便将这些田亩上原应纳的粮税一百三十余石都转嫁到苏堤西面的田亩上。如此一来,不仅田亩被锄的失产人家忿忿不平,连那些未被锄田的也因为额外多加了粮税而怨声载道,因此不久湖面便又围筑如故了。

成化十九年,巡视都御史刘敷等人又获准治理西湖。他们采纳了杭州人通政何琮之言,会同都布二司,临湖进行实地查勘,对凡在宣德、正统年间侵占西湖圈筑为田池者,一律锄而去之。可是,后来刘敷等人去任后,原先被清除的那些人家又复行圈筑,而且还不用再缴纳税粮了。

弘治十二年(1499),巡按浙江监察御史吴一贯、都水主事姚文灏、钱塘县知县胡道等又修筑西湖石闸,并撤换原来利用湖闸蓄泄湖水谋取私利的主事官员,使得西湖水的管护、蓄泄等终于"渐有端绪",西湖的整治终于有了一点起色。后来在杨孟瑛疏浚西湖斗争中的反对派李旻,还特意为之作了《西湖修复石堰记》,以资纪念。[①]

从唐宋时期白居易、苏轼等人开始;每次治理西湖都是一件兴师动众、颇为烦巨的大事。而在明代,疏浚西湖遇到的阻力特别大。关于这一点,清人吴农祥在其《西湖水利考》中作了较为详尽的论述。他认为原因主要有三个:首先是"积习之难拔"。从元初西湖废治以来,已历时两百多年,当初那些豪民所圈占的田地,至今都已传业数代,成为世产了。而原先所谓的"版籍之漏没者",现在也都成为了国家登记入册需按定额缴纳粮税的田亩,即所谓的"无尺寸之不售于民,亦无尺寸之不纳于官也"。那么,对于人家祖先时候所圈占的已成为世产的田地,要后世子孙无偿交纳出来,从情理上说,是很难服人的;更何况有些田地还辗转授受,现在拥有的湖田,本来就是从他人手中收买而来的,当然

① 梁诗正等辑:《西湖志纂》卷一一《艺文》。

更不能随便被收缴了。其次是“国赋之难除”。湖之迁而为荡，湖之废而为田，由来已经很久了。从明初开始，对这些田荡征收的赋税都特别重，老百姓仍然非常宝贵它，不忍舍弃。那么现在“如欲夺其所有，必当舍其所应纳之赋与役”，而这是朝廷所万万不许的。当时刘璋、杨继宗等地方官都是“具经济、能剸割”的能吏，成化时也是一个承平日久，能信任大臣为国为民之事的朝代，而治湖之事仍然非常困难，可见当时的阻力之大。第三就是“国费之难供”。从历史经验来看，水利建设，都是耗资巨大的项目，唐宋时期对西湖的数次疏浚，都要“通前后而计划”，需要耗费大量的经费，因此治湖的费用筹措困难，也是导致西湖难浚的一个重要因素。事实上，除了上述吴农祥所指出的三点原因以外，还有一个很重要的原因，就是，当时的人们大多只是把西湖当作一个仅供游览的风景地，而贬低了它作为下游农田灌溉和城内运河补充水源的功能，因此认为西湖的治理是无关紧要的事情。这种主观认识上的偏差，导致人们轻视、甚至是忽视了对西湖的治理。

事实上，在西湖的管理上，如果平时多注意日常维护，并严格禁止豪富和百姓的侵占，往往能取得较好的效果，可以达到事半功倍的功效。可是，正由于地方官往往忽视对西湖的治理，对于西湖，只知享受其美景的单纯索取，而不知日常维护的付出，才导致每次疏浚都要大动干戈，劳民伤财。这正如明人田汝成所言：“惟平日严侵占之禁，自可垂利于无穷。乃今官府往往以傍湖水面，标送势豪，编竹节水，专菱芡之利，或有因而渐筑塍埂者，宁念前人作者之劳耶？”[①]

二、杨孟瑛力排众议治西湖

明初开始的历次零零星星的治理，虽然或多或少都取得了一定的成效，但西湖的困境仍然不能得到较大的改善。一直到弘治、正德年间，杨孟瑛任杭州府时，才对西湖进行了大规模的疏浚和整治，使西湖面貌焕然一新。

① 田汝成：《西湖游览志余》卷二四《委巷丛谈》。

杨孟瑛，字温甫，酆都（今四川丰都）人，成化丁未进士，是一位办事干练的地方官，也是一位非常体恤、爱惜百姓的官吏，“民休民戚，惟吾之忧。吾弗任其忧，民何以休”，以解民忧为己任。弘治十六年（1503），自刑部郎擢为杭州知府。当杨孟瑛来杭州时，西湖被侵占为田荡的情况已非常严重。当时的西湖，“湖底朝天，里湖淤浅，多为田桑之地，行游者日稀”。在明朝著名宰相谢迁所撰的《杭州府修复西湖碑》中，描写得更为详尽：“有力者复相效窃据，高者为田畴，下者为沼荡。六桥之西鳞次作，又遂以为世业，而不知其非有。桥东仅以湖名其中，若孤山之坳，长桥之港，亦渐为人所侵。长夏岁旱，则上塘之田无所于溉，而运河亦且阻矣。公私咸忧之。间尝有图修复者，每为浮议所夺。”因此当杨孟瑛来到杭州上任时，眼见西湖被占去十分之九，[①]西湖已徒有湖之名，而实不成为湖泊了。

杨孟瑛到杭州的当年，正逢当地夏秋两季连续干旱，西湖蓄水不足，导致上塘河两岸农田无水灌溉。弘治十八年（1505），仁和、海宁二县的百姓又因粮田缺水灌溉，纷纷来杭州府诉无水灌溉之苦。于是他便下定决心要修治西湖，并将浚湖之事报告给巡按御史车梁以及专管水利的佥事高江。[②] 同时一边派遣通判朱麟先去勘量湖水的旧界和湖面被占为田荡的具体情况，一边亲自去进行实地调查，翻检史志记载。最后在车梁等人的支持下，力排众议，在早先何琮建议的基础上，起草了《请开西湖奏议》（即《开湖条议》），由巡按御史车梁转呈朝廷，奏请全面疏浚西湖。他从形胜、御寇、饮水、运输、灌溉等五个方面系统地阐述了西湖疏浚的重要性。

首先他从风水的角度出发，认为西湖对整个杭州城实际上起到了“全角胜而固脉络，钟灵毓秀于其中”的作用，如果西湖被占塞，会使杭州的形势破损，导致生殖不蕃。

第二，指出西湖是杭州的天然屏障，如果西湖湮塞，则城市的西部

---

① 田汝成：《西湖游览志余》卷一一《才情雅致》：“弘治十六年知杭州，时西湖民间规占者十九”。

② 杨孟瑛：《湖成丐文纪迹启》：“乙丑，仁和、海宁细民，赴诉于郡。孟瑛因才薄力绵，无能为役，白其事于巡按御史车公……事下车公暨水利佥宪高公。”

将无险可守，倭寇等就可以很轻易地攻入城中。

第三，杭州城内居民饮水全赖西湖水的供应，如果西湖被侵占，将使水脉不通、城市供水断绝，造成百姓生活困难。

第四，杭州城中众多的水道也依赖西湖水作为补充，如果西湖水源断绝，会造成运河来水枯竭，妨碍市内的水运交通，影响物资的运送。

最后，他指出自仁和县至海宁县万顷良田，都依赖西湖水进行灌溉，如果湖水枯竭，还将导致下游良田缺水灌溉，严重影响这一地区的农业生产。

这五条理由从不同角度论证了西湖不能被侵占的理由，言之凿凿，应该是具有很强的说服力的。但是明代对地方官的权力限制甚严，远不如唐宋时宽松，杨孟瑛疏浚西湖比唐宋时代的白苏两公困难得多。首先是当时西湖荒芜、淤塞的程度比白居易和苏轼时更严重，因此疏浚的工程量比唐宋时要大得多。其次是明代办事审批手续非常繁琐，要层层上报，处处受制。当年白居易治理西湖无需上报，可以自己作主，苏轼时虽要上报朝廷，但很快也得到批复，而杨孟瑛治理西湖，却要各级审批，等待很长时间才能得到批准。第三是地方的阻力特别大。事实上，早在北宋时，西湖周边居民已在湖中种菱作为收入。元祐年间，苏轼在开浚西湖、清除湖中葑草后，便准予当地人户适当租佃湖面种菱，酌予课利，以所入作为后来开湖的经费。到元明时，西湖很多地方早就被近湖民家和城中的有势者圈占，因此治理西湖，涉及不少坟墓要迁，房舍要拆，田地要毁，沿湖豪富之家要得罪。触犯到个人利益，必然遭到既得利益者的反对，甚至会被控告，因此来自人为的阻力要比以前大得多。

这其中，最后一条的困难显然是最大的。正如谢迁在《杭州府修复西湖碑》中所记，“盖白、苏堤之作，人皆目为游览之胜，而不知其为利济之源，无足怪者”。当时的西湖，几乎一半都被淤塞，湖面南北原本十里，此时仅存六里。苏堤以西湖底突起，已经基本成为了平地，居然还成了“世业”，这就是说湖面被占已不止一代了。要将这样的长期占据者赶走，是十分困难的。因为这些“有力者”，大多都得到历代官府批准，又或者都是有后台的。

而且反对浚湖的，还不仅仅是已占据湖面的豪强，甚至一些在当地颇有声望的官员，也站出反对。杭州人李旻，是成化二十年(1484)的状元，其所著《浚西湖说》是当时反对杨孟瑛浚湖的一篇文献，可见当时反对浚湖的官员也大有人在。他说："至咸淳间……自堤以西，遂为民间恒产。如岳王坟，供祀田荡五十余亩，皆是当时所给。其余濒湖六里之民，有产者三百五十余户，分门不啻千家。庐舍相接，桑柘成林，坟冢累累，草木茂密，且皆财赋重粮。自宋至今，未之有改。"指出即使在宋代，西湖就有官准占据的水面，岳庙前的岳湖居然从南宋就是岳家的"祀田"。可见占湖为田，古已有之。特别是六桥以东原先苏轼浚治之处，只剩三塔犹存，而湖面早就葑草久积，变成平滩了，每当湖水浅涸之时，宛然洲渚横亘湖中。这种现象，也已存在数十年，历届地方官都不能开掘除去。他认为现在杨孟瑛视此不治，而欲破坏自宋以来已成之业，拆毁贫民之庐舍，发掘久葬之坟墓，使"千家嗷嗷，哭声振野"，非仁人君子之可为之事。然后，他又写道：

> 若云游观，则堤东湖面千数百顷，亦不为狭。若云溉出，则今之湖水但欠深浚。若云接济运河并溉及上塘之田，则昔人虽尝有此言，然未尝深考地势而孟浪言之耳。杭州穿城四河，东、南、北、城下四处，各有源委，与西湖不通。出城之外，乃合运河。各河所受潮水及湖山诸源之水，本自有余。东城东大河，今名菜市河者，本从海宁、仁和境上临平湖而来，一百二十五里入艮山水门，至城中断河而止，谓之上塘。其市河，合西河，出武林门北，通崇德百余里，谓之下塘，即今见行运河也。中有三里洋、十里洋，水势宽广，几与湖等，与西河相隔数里。西湖石函所泄，但入新河，至坝而止。石函所泄至下湖古荡而止。虽东有小河，又有清湖三闸，兼阻三坝，不知何以接济运河之用？又上塘比之下塘，以猪圈坝视之，高几一丈，不知湖水从何处逆流入河，以溉夹河之田。

认为若是从风景游览的角度考虑，则苏堤以东的湖面就已足够。如果从灌溉和接济城内运河的目的出发，则西湖的水位太低，且与城内诸河

并不相通,因此反对杨孟瑛以西湖水济运河并灌溉下塘海宁"夹河之田"的说法,认为杨孟瑛是"率意而为之"。

若仅遇几个侵占湖面的普通豪绅,杨孟瑛尚不难应付,但像李旻这样有名望的官员出来反对,问题就比较复杂了。李旻的这篇《浚西湖说》被收入《万历杭州府志》,而在这部志书中,曾任杭州知府的杨孟瑛的浚湖文献反而一篇不见,这说明后来杭州的官员对杨孟瑛的功绩并非一致肯定。《万历杭州府志》的作者杭州人陈善,应该是一个比较清醒的官吏,但他所作的《杨孟瑛传》也只是说:"其浚复西湖,俾水有蓄泄,实利益下塘诸田,而论者或谓其敛怨生谤,此其故不可详究。要之亦一时敏干吏云。"

针对这些人的反对,杨孟瑛的态度也非常强硬,下令"将势豪官民侵占田荡并葑田洲埠,尽行开浚,以复旧额。如有权豪不服,或扇摇浮议,故行阻碍,致误事机,悉听察院缉拿,从重究治"。[①] 而巡按御史车梁和佥事高江也和杨孟瑛一样持强硬措施,先后说过"如有权豪不服,恃势霸占,或扇摇浮议,故行阻碍,致误事机,悉听臣等究问如律,从重处治"[②];"毋得倡为浮议,转相扇惑,阻挠事机,自惹罪谴。其见占有室庐园池与一应浮土之利,可以迁改者,具限正月以里拆卸搬移。如有延捱迟误,即系强梗顽民,听从府县官拿问如律。敢有恃顽抗法,即便拿解本道,从重发遣"[③]等措词非常严厉的话。这样的强硬政策当然使占湖的豪强们损失惨重,导致他们的反抗,这也成为杨孟瑛后来被罢官的一个重要原因。

但是,西湖和杭州城市唇齿相依的关系已深入人心,为朝野所公认,因此尽管盗湖为田的人多为权贵,尽管遭到地方豪强的重重阻力,但在杨孟瑛的一再请命下,他治理西湖的上疏仍然得到了明武宗的认可,终在正德元年(1506)二月,被获准疏浚西湖,并获得了工部的拨款。

杨孟瑛深知疏浚西湖的阻力之大,针对占湖豪民的反对,他在开工

① 杨孟瑛:《浚复西湖录》之《呈复西湖状》。
② 杨孟瑛:《浚复西湖录》之《巡按车公奏复西湖状》。
③ 杨孟瑛:《浚复西湖录》之《佥宪高公议复西湖案》。

前四处张贴告示，公布了《浚湖复勘谕民文》、《浚湖示谕民户文》等一系列告谕，晓谕百姓，解释利弊，再三告诫“幸相导以平心，勿相阻于异说”。在告谕文中，他说：“但今民产，本昔官湖，民侵于官以肥其家，固已干纪；官取于民以复其旧，岂谓厉民？又惟上塘万顷之田，宿仰西湖千亩之水。水尽湮塞，田渐荒芜。利归于数十家，害贻于千万井。况古人留利物之泽，岂今日启生事之端？”强调湖上的民产本来就是非法占用的官湖，如今官府取回重新改为湖面，只是恢复原状而已，并非抢占民产。而且上塘的万顷之田，原先都靠西湖水来灌溉，由于湖面被占，导致田渐荒芜，怎么能为了少数人的利益，而损害了万顷之田的灌溉？接着又表示，“其原占桑园莲荡，各具的实亩分，限十日以里自首到府。罪名则原情而宥免，赋税则奏请而豁除”。当然由于一些民户“占佃年久，已成世业，或用价置买，曾费赀财。衣食所资，粮差倚办，一旦开毁，情或不堪”，因此对于占田民家的损失，他也采取了一些补偿措施，照顾到一般农家的具体困难。考虑到这些垦殖户在开湖后可能无田耕种，他就以铜钱局和崇兴寺、崇善寺、禅智寺等废寺的数千亩肥沃之地，除每寺留余百亩左右以奉香火之外，其余田亩，逐一清查以后拨给应开湖田人户，而且可以免去当年的徭役和差役，稳定了民心。对于有人担心因开湖而导致粮税的损失，他也作了说明，表示开湖经费来自“清籍新增者之税粮”，并不会因此而减少官府赋税的收入。

关于杨孟瑛浚湖的时间，尚有不同的说法。明人田汝成在《西湖游览志》卷一中以为正德三年(1508)，杭州市地方志编纂委员会编的《杭州市志》[①]从此说。不过田汝成在《西湖游览志余》卷一一中又说“乃以正德二年二月二日兴工”，将之提前了一年。清雍正朝《西湖志》把时间提得更早，认为在弘治十八年(1505)，而当代罗以民先生则撰文考证应在正德元年。[②] 考杨孟瑛本人所撰《湖成丐文纪迹启》中有“肇事于丙寅二月二日，至六月初，功之成在什九”之语，查丙寅年应为1506年，即

① 杭州市地方志编纂委员会编：《杭州市志》，中华书局1995年版，第2卷第二节“治理”。

② 罗以民：《杨孟瑛浚复杭州西湖的时间及罢官原因考》，载《浙江社会科学》2007年第6期。

正德元年。另明代理学家潘府所作《杭郡守杨公重修西湖文》,后有“时正德改元仲夏朔”之话,可见罗说为是,应为正德元年。

正德元年二月,杨孟瑛动用民夫八千,开始大规模疏浚西湖。据《西湖游览志》卷一载:“是年二月兴工……为佣一百五十二日,为夫六百七十万,为直银二万三千六百零七两,拆毁田荡三千四百八十一亩……自是西湖始复唐宋之旧。”据杨孟瑛本人《湖成丐文纪迹启》的记载,当时“简知县毛忠、余经等,分督厥工,不敢烦民,亦不敢敛于民。出帑藏节省驿传银二万六千两,募闲民从事,日给值二分七厘,民争负畚锸,趋湖上请籍姓名,畚土于田,撤篱于园,决防于荡”。

工程分两期进行,第一期从二月二日至六月初十日,完成工程量的百分之九十左右,因暑天太热,再加上正是农忙季节,所以工程暂歇,到八月十九日复兴工,至九月十二日最后完工[①],历时 152 天[②],共用了 670 万个工日,耗费银两 23607 两,西抵北兴路为界,拆毁田亩 3481 亩,“西湖始复唐、宋之旧”。疏浚工程使苏堤以西至洪春桥、茅家埠一带尽为水面,西面重现大片湖面,西湖大部始复唐宋之旧。其后,他又在外湖旧三塔塔基四周,筑起了一道圆形的堤埂,并在埂外仿苏轼三塔,建立了三座空心石塔。

疏浚所挖的淤泥和葑草,雇佣了邻湖的民船三百多只,以及知府短递便民船十只,运送到钱塘门外昭庆寺附近,以及孤山等处的空地堆放,百姓可随意取去肥田。其余的部分,湖东的泥土和葑草,都搬到苏堤上,用来修补苏堤。在杨孟瑛这次疏浚西湖之前,苏堤以西湖底突起,已经基本成为了平地,因此,如果没有这次疏浚,苏堤恐怕已与突起的湖底相混,而不存在了。杨孟瑛将其加高了二丈,拓宽到五丈三尺,南北长七里,宛如一道水上城墙,其高广远远超过清代,在当时是一项

---

① 杨孟瑛《湖成丐文纪迹启》:“肇事于丙寅二月二日,至六月初,功之成在什九。孟瑛以暑气太盛,农务方殷,暂遣工役。八月后募而用之,九月十日告成。”在《湖成回奏状》中又作:“自本年二月初二日兴工,至六月十日,因天道酷热,暂将各夫放工,仍于八月十九日上工,至九月十二日止工。”

② 杨孟瑛在《湖成丐文纪迹启》中作“类计之,日一百八十日有奇”,而在其《湖完回奏状》中又作“……今查用过工止该一百五十二日……中间有值风雨,各夫不曾做工,逐一计扣……”则前后虽有一百八十多天,但扣除风雨天气停工的日子,实际浚湖时间应为 152 日。

了不起的大工程。苏堤两岸遍植杨柳，重新恢复了"六桥烟柳"的固有景色。

西湖西面邻山一带，原先没有确切的湖界，以致临湖民家经常侵占湖面。因此杨孟瑛又决定将筑苏堤之外湖西的泥土和葑草，用来另筑一堤，在里湖西部又堆筑成一条呈南北走向的长堤，与苏堤并驾齐驱，从栖霞岭起，绕丁家山直至南山，作为湖面的界限，以杜绝民间重行侵占。堤上仿苏堤式样，在两岸遍植柳树。他又考虑到堤岸筑成以后，山水无路疏泄，因此在堤上造了六桥，以通水势，当时人们叫"里六桥"。不过靠近北山的三座桥，原是"旧有水口"，杨孟瑛在此基础上再修的桥；在修筑此堤时，杨孟瑛又在靠近南山一边的堤上新建了三座桥，以通泄流水，凑成六座桥，以与苏堤六桥相呼应。后来杭州百姓感激杨孟瑛对西湖山水百姓的一片厚爱，遂将这条新筑的堤称为"杨公堤"。

杨孟瑛的这次疏浚是一次可以和唐代白居易、北宋苏轼进行的治理并列的大规模西湖治理工程。通过这次疏浚，"西湖全景，式复其故。而上塘之田及城中运河，始无旱干之忧矣"。[①] 故田汝成在《西湖游览志余》中称赞道："西湖开浚之绩，古今尤著者，白乐天、苏子瞻、杨温甫三公而已。"杨孟瑛这一次对西湖的疏浚，实际上是对西湖的一次拯救，如果没有这次大规模的疏浚，西湖很可能就已经湮没了。

在疏浚西湖的同时，杨孟瑛还重修了四贤祠。原先在孤山的南面有三贤堂，奉祀白居易、苏轼和宋代隐士林逋，由于年代已久，"栋宇就颓"，因此杨孟瑛特意加以维修，同时又添祠了唐代修建六井的李泌，以纪念他对杭州百姓的功劳。后代的杭州百姓为感激杨孟瑛的浚湖之恩，把杨孟瑛的塑像也请入四贤祠中，以作凭吊。

浚湖成后，杨孟瑛亲自编写了一部《浚复西湖录》，此书字数不多，主要收录了他浚复西湖过程中的相关奏议、文牍以及修建四贤祠等方面的文告。另外，他还请了一代贤相谢迁为其题写了《杭州府修复西湖碑》、著名理学家潘府为之撰《杭郡守杨公重修西湖文》，附录在书后。谢迁在碑中表彰杨孟瑛说："呜呼，其功亦伟矣。夫自白公之后二百年

① 谢迁：《杭州府修复西湖碑》，载《浚复西湖录》。

而得文忠，文忠之后四百年而得杨侯，若有待焉。”这段话后来被田汝成接过去，化成了他自己的话，曰“盖自乐天之后，二百岁而得子瞻；子瞻之后，四百岁而得温甫”。从今天看来，杨孟瑛治理西湖之功绩，谢迁此语并不为过。

然而，在疏浚工程完成以后，“群议”仍然不绝。正德四年，杨孟瑛从知杭州升迁为顺天府丞，但很快遭到了查盘御史胡文璧的弹劾，说他“开浚无功，靡费官帑”。后经吏部复议，决定对杨孟瑛予以降职，但又命其“量用民力，以终前功。”据《明实录》记载：“（正德四年冬十月）丁酉，降除顺天府府丞杨孟瑛复知浙江杭州府。孟瑛守杭日，议开西湖。至是查盘御史胡文璧劾其开浚无功，费用官帑至二万三千余两，宜罢黜。吏部议以工在既往，理无可复，宜仍将孟瑛降除杭州，量用民力，以终前功。讫事日，镇巡官俱奏，故有是命。”①

正在当时，还发生了一起追查“谢党”案。太子少傅谢迁为人刚直，曾奏诛当权的大宦官刘瑾，为刘瑾所怀恨。正德四年(1509)，刘瑾强夺谢迁的诰命，追还武宗所赐之玉带服饰，曾受其推荐的一些官员都为诬为“谢党”，谪官戍边。正德四年十二月杨孟瑛从京师贬官归浙，此前谢迁在《杭州府修复西湖碑》中的赞语正好成了他为“谢党”的证据。一般浚湖碑均立在西湖畔，谢迁的这块碑，可能立于正德元年湖成之后，那更是在众目睽睽之下。因此杨孟瑛返浙后，很快就被罢官，怀着郁郁的心情离开了杭州。正德五年，吕夔接任杭州知府。② 从此以后，一切官私文书中再无杨孟瑛的名字出现。

明人田汝成在《西湖游览志余》中曾感叹道：

> 西湖开浚之绩，古今尤著者，白乐天、苏子瞻、杨温甫三公而已。今考乐天集中无开浚奏状，意其时法禁宽洪，守土者得以便宜举事，不烦陈请，而廷议亦不訾之。子瞻时既上疏于哲宗，复具申

---

① 《明实录》卷五六《武宗实录》，台湾中央研究院历史语言研究所校印，北平图书馆红格抄本微卷影印本，1962 年版。

② 陈善：《万历杭州府志》卷一四。

于三省，凡钱米工役具有成算，然其时御史贾易已劾其科骚部内，以事游逐，虽废格不行，而宰臣未免有两罢之请，已不及乐天时矣。然考其兴工，则元祐五年四月二十八日也。逾日乃举，申奏犹有议事以制先发后闻之体。至杨温甫时则又别矣。先申巡台藩臬，俟其报可，然后敢白于朝，下工部详议之；再俟报可，然后兴事；终以开除额税未明，乃以少京尹再署府事，而竟以物议罢官，何其危也。且乐天、子瞻开湖时，岂不废坟墓、毁田庐？而民怨不敢作。即作矣，而纠察之吏不复以法绳之。乃温甫兴久废无穷之利，而卒陨其名，嗣今谁复有任事之人哉？今去温甫又几四十年矣，藩臬长官，非奉巡台，一钱不敢擅发，况郡守者而敢云倡议开湖也！世变之趋，亦可叹矣。①

但民间自有公论，杭州百姓为感激杨孟瑛治理西湖、造福一方，乃于孤山上为他建了杨公祠。其后祠废，后来太守陈一贯又买了西陵地为之建祠。

三、杨孟瑛之后对西湖的断续治理

杨孟瑛以后，随着时间的推移，官府对西湖严格的管理又逐渐松弛，于是地方豪族又开始渐渐地围占湖面，日久以后就理所当然地视为自己的家业，苏堤也柳败而堤亦圮了。

嘉靖时，巡按御史傅凤翔、庞尚鹏等都曾极力禁止侵占湖面。嘉靖十八年(1539)傅凤翔奏请："禁豪家包占西湖。"嘉靖四十四年(1565)，庞尚鹏立碑刻石于清波、涌金、钱塘三门，禁谕："凡有宦族豪民仍行侵占尚未改正者，许诸人指实，赴院陈告。"但是豪夺阴占的现象一直没有停止，时间一久，西湖便又"渐至砂碛筑塞，葑草弥望"。由于湖水很浅，以致出现了"篙橹无所用，而舟人失业"、"网罟无所施，而渔子就闲"的荒凉景象。期间，一些有识之士虽先后建议疏通，但由于各种原因，最

① 田汝成：《西湖游览志余》卷二四《委巷丛谈》。

后都成为空言而已。以至于后人因此而感叹:"夫陂堤川泽,易废难兴,与其浩费于已隳,孰若旋修于将坏。况西湖者,形胜关乎郡城,余波润于下邑,岂直为鱼鸟之薮,游览之娱,若苏子眉目之喻哉!"[①]暗讽当政者的无知。

万历年间,明神宗曾派遣司礼太监孙隆出任江南织造,驻守杭州,期间长达二十年左右时间。根据史书的记载,孙隆本性贪婪凶残,曾激起明代历史上著名的苏州市民反孙隆斗争;但另一方面,孙隆个人颇有文学修养,潜心于研究古事,喜欢舞弄风雅。他深爱杭州的山山水水和西湖的花草树木,甚至将朝廷赐给他的金钱悉数捐出,以妆点西湖周边的名胜古迹。关于他在妆点西湖方面的事迹,明人汪汝谦在《西湖韵事》中有这样的记载:

> 初筑新堤,遍载垂柳,以名卉错杂其间,俗呼十锦塘者是也。孤山胜处,张望湖宪副之梅花屿在焉。公复其望湖亭于南台厂,临水旁植西府海棠数十株,拂霞笼烟,争妍朝夕。过苏堤,循六桥十余里,桃花夹岸,香车宝马,络绎缤纷,游人藉草施步障,卧花茵,不啻武陵道上矣。湖心向有亭,移置涌金门外,题曰"问水",另成杰阁,崇轩飞甍,金碧辉煌,中供梓潼君像焉。

万历十七年(1589),孙隆开始花巨资重新修筑白沙堤。他将堤拓宽到二丈,在堤上遍植桃柳,一如苏堤,并在堤上重修宋代所建的涵碧桥,在其遗址上架木为梁,改名为锦带桥。同时,又在断桥西面建亭,取"断桥垂露滴梧桐"之意而命名为垂露亭。在湖面宽广、渐近孤山的地方,增筑露台,修葺华丽,让游人可以在此玩赏风月。后来,明代著名文人袁宏道有云:"望湖亭即断桥一带,堤甚工致,比苏堤尤美。夹道种绯桃、垂柳、芙蓉、山茶之属二十余种,堤边白石砌如玉,布地皆软沙如茵。杭人曰:'此内使孙公所修饰也。'"[②]

① 田汝成:《西湖游览志》卷一《西湖总叙》

② 袁宏道:《断桥望湖亭小记》,载张岱《西湖梦寻》卷三《十锦塘》。

除了重修白堤以外，孙隆还先后修建了灵隐、湖心亭、净慈寺、烟霞洞、龙井、片云亭、三茅观等名胜古迹和寺庙，为西湖的人文景观作出了很大的贡献，使湖光山色更加明媚多姿。不管他的主观动机如何，他修建西湖胜迹，对杭州和西湖的功劳是应当肯定的。后人将他视为西湖最大的“功德主”，可谓“湖山之功臣”。

万历年间，郡人陈善还曾上《请疏西湖议》，指出当时西湖被占塞的严重情况，请求疏浚西湖。后来县令沈匡济也有过浚湖的提议，但都了无下文。

万历三十五年(1607)，钱塘知县聂心汤针对西湖大片湖面又“骎骎插笆篼，树楼榭矣”的严峻局面，在本县力所能及的范围内实施疏浚西湖，去除葑泥，并在西湖湖面再辟放生池。又效仿苏轼旧法，取湖中葑泥，在湖中的小瀛洲放生池外自南而西堆筑环形长堤，同时筑梗拦水，形成“湖中岛、岛中湖”的独特景观。其外仍置小石塔三座，谓之“三潭印月”。万历三十九年，杨万里继筑周围环形堤埂，形成“湖中有岛，岛中有湖”的景观，至四十八年(1620)而规制尽善。[①]

明天启二年(1622)，杭州府知府孙昌裔被擢升为本省按察司副使，管屯田水利。[②] 当年二月，孙昌裔又对西湖作了一次治理。这次治理历时不到三个月，清理了湖中的积草和淤泥，使西湖蓄水能力大大增强。浚湖完成后，孙昌裔本人又亲自撰写了《古长生庵碑记》，记载了西湖疏浚后的景象：放眼望去，天光云影，上、下塘河流注俱满，农田得以灌溉，不再有饥荒，盐船也方便出入，没有阻碍，真正是民商两便。

天启四年(1624)，钱塘县令沈匡济撰《清湖八议》，提出必须“疏填阏之水以清湖”，请求疏浚西湖。然而，这些吁请都只能“徒托空言”，未能被当局者所采纳。因此在杨孟瑛全面疏浚西湖以后，除了万历中聂心汤曾进行过局部浚湖外，整个西湖水域一直没有得到有效的浚治。

---

① 翟灏、翟让辑：《湖山便览》卷三。

② 《明实录》卷一九《明熹宗悊皇帝实录》。

杨公堤：

杨公堤是与白堤、苏堤齐名的“西湖三堤”之一，位于西湖以西，全长3.4公里，北起灵隐路，南至虎跑路，串联起曲院风荷、金沙港、杭州花圃、茅家埠、乌龟潭、浴鹄湾和花港观鱼等著名景点。堤上六座石拱桥端庄秀丽，自北向南名为：环璧、流金、卧龙、隐秀、景行、浚源，称为里六桥，与东面的苏堤六桥前后呼应，合称为“西湖十二桥”。其中隐秀桥、景行桥可供游船通行。

不过关于里六桥，在杨孟瑛浚湖当时有无正式的桥名，从明代后期起就有不同的说法。一说六桥初无名，后来田汝成“惜其名不立，无以匹配苏堤”，于是便在《西湖游览志》一书中，为里六桥各取了一个桥名，自北而南分别为：环璧、流金、卧龙、隐秀、景行、浚源。但据郎瑛《七修类稿》一书所载，杨孟瑛曾自言：“南畔三桥，可名为浚源、浚复、浚治；北畔三桥，旧有水口，吾筑为桥，可名为二龙、流金、涵玉。”[①]由此可知，对于堤上的六桥，杨孟瑛本自立名，但由于其名不传，后来遂有田汝成的命名，六桥的名字，基本上都是根据各桥的地理与景观特色而定的：“环璧”，原名“涵玉”，以玉泉之水所从以出也，西通耿家埠；“流金”，金沙港之水所从以出也，路通灵竺；“卧龙”，原名“二龙”，地近龙潭，深黝莫测，时有祥光浮水面，疑有神物藏此，故名，路通茅家埠；“隐秀”，原名“浚复”，绕丁家山而东，沿堤屈曲，苍翠掩映，故名，通花家山；“景行”，原名“浚治”，取《诗经》“高山仰止，景行行止”之意，故改之，通麦岭；“浚源”，据说是因为虎跑、珍珠二泉出于此，其源长，非浚导不可，故名。

清雍正四年(1726)，觉罗满保、黄叔琳等人疏浚西湖后，在修复白、苏二堤的同时，也重修了杨公堤，将之增高增阔，但考虑到杨公堤西面就是农家桑田，当时游客到这里游览的也不多，因此不再在堤上补种花木。后来由于泥沙渐渐淤积，湖西一带渐成平地，此堤也隐没而成为大道。但据清刊《西湖全图》所示，在清朝初期西湖中尚有杨公堤丁家山以南一段。

民国时期，浙江省政府为适应形势发展的需要，公布了《建筑西湖

---

① 郎瑛：《七修类稿》卷二《天地类·西湖两堤十二桥》。

环湖马路之计划》,决定建筑西湖环湖马路,杨公堤就在此时被改名为西山路。不过堤名虽改,由于种种原因,建筑环湖马路的计划并未全部完成。直至新中国成立后的1950—1951年,杭州市人民政府用以工代赈的形式,将始建于民国时期的西山路道路工程续建完成,建成宽六米的沥青与水泥混凝土路面。在2002—2003年的湖西综合保护工程中,又将西山路恢复为杨公堤,复建了堤上的六桥,并恢复堤西的水面约七十公顷,且与里湖和西里湖相通,基本恢复了三百年前的杨公堤一带西湖水域原貌。

附:

杨孟瑛:《开湖条议》(《请开西湖奏议》)

杭州地脉,发自天目,群山飞翥,驻于钱塘,江湖夹抱之间,山停水聚,元气融结,故堪舆之书有云:势来形止,是为全气;形止气蓄,化生万物。又云:外气横形,内气止生。故杭州为人物之都会,财赋之奥区。而前贤建立城郭,南跨吴山,北兜武林,左带长江,右临湖曲,所以全角胜而固脉络,钟灵毓秀于其中。若西湖占塞,则形胜破损,生殖不繁。杭城东北二隅,皆凿壕堑,南倚山岭,独城西一隅濒湖为势,殆天堑也。是以涌金门不设月城,实倚外险。若西湖占塞,则塍术绵连,容奸资寇,折冲御侮之便何藉焉。唐宋以来,城中之水皆藉湖水充之,今甘泉甚多,固不全仰六井、南井也。然实湖水为之本源,阴相输灌。若西湖占塞,水脉不通,则一城将复卤饮矣。况前明贤兴利以便民,而臣等不能纂已成之业,非为政之体也。五代以前,江潮直入运河,无复遮捍。钱氏有国,乃置龙山、浙江两闸,启闭以时,故泥水不入。宋初倾废,遂至淤壅,濒年挑浚,苏轼重修堰闸,阻截江潮,不放入城,而城中诸河专用湖水,为一郡官民之利,若西湖占塞,则运河枯涩,所谓南柴北米,官商往来,上下阻滞,而阛阓贸易,苦于担负之劳,生计亦窘矣。杭城西南山多田少,谷米蔬果之需,全赖东北,其上塘濒河田地,自仁和至海宁,何止千顷,皆藉湖水以救亢旱,若西湖占塞,则上塘之民缓急无所仰赖矣。此五者,西湖有无利害明甚。第坏旧有之业,以伤民心,怨讟将起,而臣等不敢顾忌者,以所利于民者甚大也。

杨孟瑛:《浚湖复勘谕民文》

杭州府为浚复西湖以兴水利事。照得志书所载,先贤举行,远为民谋。博施利济,特浚西湖之浸,用溉上唐之田。年代屡更,湮废已极。近岁,乡贤侍郎何公,生长是邦,习知斯事,著为三说。辩析百端,利害甚明,文字具在。顾郡守无有东坡之力,故乡人未见西湖之开,恒深慨叹,每切思惟。伏蒙当道俯念地方,志在举行,力图浚复。又以本职,职在守土,行委勘查。恐浮议之扇摇,申戒言之警策。虽惭绵力,良叶初心。重惟湖上之园池,一是城中之葑殖。占管既久,出产亦饶。或用力疏筑以成功,或费财置买以为业。一旦开毁,百口怨咨。民既伤心,我甚动念。但今民产,本昔官湖,民侵于官以肥其家,固已干纪;官取于民以复其旧,岂谓厉民?又惟上唐万顷之田,宿仰西湖千亩之水。水尽湮塞,田渐荒芜。利归于数十家,害贻于千万井。况古人留利物之泽,岂今日启生事之端?幸相导以平心,勿相阻于异说。其原占桑园莲荡,各具的实亩分,限十日以里自首到府。罪名则原情而宥免,赋税则奏请而豁除。所用夫役开挑,悉出官钱雇请。固不忍重劳民力,亦不敢擅敛民财。勿蔽尔私,尚从予志。冀水功之有就,收民利于无穷。故兹告示,想宜知悉。

第七章　清代对西湖的历次整治

明末清初之际，由于多年战乱，西湖又长期失修，淤泥菰葑，充塞弥漫湖中，三堤六桥及诸名胜，倾圮相望。湖面又相继被地方豪民侵占，“水面各插水闸以渔利甚，或巧为官佃之帖，以相欺瞒。塍岸既多，河流渐涸”。[①] 地方官吏对西湖被侵占的情形毫无对策，清初虽曾立西湖禁约，“凡豪民占为私产者勒令还官”，但一纸空文抵不住豪民的侵占之风。西湖湖面被陆续蚕食缩小，面积由原来的“周回三十里”缩小到22里，里外湖面原一共有11315亩，但其中有3125亩属于淤浅硬沙葑滩者，约占总数的四分之一左右。

在水利方面，从明末以来，由于年久失修，各河水闸多有废坏，导致河中的泥沙沉积。而西湖自身的水源也由于湖面的缩小，山与湖之间日益远隔，使西湖不能得到足够的水源补充。原先从宋代开始，杭州城内的中河、小河等河水全仰西湖水的补充，以供水上交通。由于西湖淤塞，导致河内缺水，影响了城内商货的流通，“上河淤浅，东河壅塞，则水无容纳，西湖之流不能停蓄。源流既损，而湖利遂微”。[②] 在吴农祥的《西湖水利续考》中，对当时的弊状描绘得更为详尽：“西湖之水利久置不讲，而上中下三河受西湖置水，从涌金水陆二门奔注者，陆则流福一沟，沙土填塞，无从引湖以达城。于是旱则运司一河，龟坼瓢裂，浸成平地。一雨则吴山诸岭之水，呀呷澎濞，汇涀溟渀，下至民居，上至官署，皆悬灶而炊，束版以渡，为公私所病。水则抵藩署穴臬狱者，残流哽咽，仅危一线，以会于清湖等闸。水弱不能胜舟，泥壅不能载物，于是南则

① 雍正朝《西湖志》卷二《水利二》。

② 同上。

经千胜等庙，逆流而出凤山水门；北则经度生桥，顺流而出武林水门者，处处为瓦砾民居所占。”

不过虽然西湖在清初还是一片凋敝景象，但从康熙朝始，就有了较大的改观。康熙皇帝从二十年(1681)以后，曾多次南巡，其中从二十八年(1689)至四十六年(1707)，曾五次到过杭州；后来乾隆皇帝南巡时又曾六次到过杭州。二帝每次临幸杭州之时，都筑行宫于孤山以及城内，颁赏寺院，流连歌咏，恢复十景，碑题勒石。因此杭州的地方官对西湖都能加意治理，不敢疏漏，并且还疏涌金门以通御舟，以备临幸，“无敢废弛者”。因此清代从康熙到乾隆时期，可谓西湖的再盛期。

一、康熙雍正年间的整治

事实上，早在顺治十一年(1654)六月，朝廷已诏令各地总督、巡抚都要责成地方官修筑堤防，以时蓄泄，以利农事。于是浙江布政使张儒秀乃重立西湖禁约，勒令占湖为私产者将湖面归还官府，并捐俸银去除了西湖葑草八十余亩，使西湖景象开始有了好转。

由于西湖被侵占的情况十分严重，因此康熙三年(1664)特意丈量西湖被占作田荡之湖址，登记入册，绘入鱼鳞图册。经过丈量，发现这些田地总计达 442 亩，每年征银 20 两 7 钱，征粮米 15 石 5 斗。其中田埂内种植桑柏树一万九千多株，并田荡内栽荷蓄鱼等项每年收入银 344 两。

康熙二十四年(1685)，浙江巡抚赵士麟集工开浚西湖。同时又开始修复城河，以白银二万余两、民夫二十余万工，修复了中河河道。起自涌金水门，历洗马桥、烈帝庙，北循武林门，南抵正阳门，又南抵南新关，凡二十五里。此后，康熙四十六年、四十七年又再次做过疏浚。

康熙二十八年(1689)，清圣祖康熙皇帝首次南巡至杭州，驻跸西湖，御制诗序，并赋诗要求杭州的地方官应效仿北宋时期的苏轼，开浚西湖，溉田利民，谆谆以开湖溉田、筑堤潴水为务。其后康熙帝几次巡幸杭州，浙江的地方官员都事先对西湖进行疏浚和整治，并疏涌金门城

河,以达御舫。

雍正年间,西湖面积尚有7.54平方公里,但其中有葑滩二十多公顷,经过大规模的疏浚后,面积广及杨公堤以西至洪春桥、茅家埠、乌龟潭、赤山埠一带。

雍正二年(1724),清世宗雍正帝鉴于地方水利关系民生,最为紧要,决定兴修东南地区的水利,敕令工部会同浙江督抚对西湖疏浚问题进行勘察。当时杭州西湖又逐渐壅塞,废上塘千亩良田的灌溉,于是诏令浙江的地方官吏筹划开浚事宜。

当年六月,闽浙总督觉罗满保、浙江巡抚黄叔琳组织人员对西湖的现状进行了认真细致的调查,发现当时西湖的状况是,"里湖自孤山路迤西,向为有力者占种菱荷,渐次沮洳十之二三焉;外湖自柳洲迤南过湖心亭寺,纵横十余里,葑老根深,云横阵布,奸民将觊为稻畦十之七八焉……若赤山埠、金沙港诸处,自明杨公孟瑛开浚后,侵为田庐冢墓者,年几湮塞……"[①]湖面被占为田荡的情况非常严重。经过仔细丈量后,发现原先西湖方圆三十余里的范围,实际只剩下了22里4分,合计里外湖面11315亩,淤浅沙滩3125亩,已丧失旧址的四分之一。少去的湖面都是被占用为田的,且官府对这些田地已经起课征税了。其中的442亩被占为田荡,并已于康熙三年绘入鱼鳞图册,照额征收赋税。另外,未经丈入鱼鳞图册的田地还有218亩,如果较额征之数,每年亦可收银十余两、米七余石。其田埂内种植的桑、柏等树有8477株,并在荡内栽荷、养鱼等项,若这些田地加以征税或收租的话,每年约可收租息银123两。

觉罗满保、黄叔琳等人经过权衡比较后,认为这些田地"为官民利益甚微,而所损于三县民田者,实不止于巨万"。于是,他们向皇帝上奏,提出要疏浚西湖,还田于湖。其具体方案是:将从前百姓侵占的442亩田荡,依照西湖旧址清理,还原为西湖水面,同时豁除这些田荡原先应征的粮米税额;对3125亩淤浅沙滩进行疏挖改造,恢复湖水的深度和洁净,使之畅流无阻;挑浚出来的淤泥和葑草用小船搬运,用来

① 厉鹗代王钧撰:《开浚西湖碑记》。

加阔和加高西湖几条旧堤坍损的地方，并在堤边钉桩编竹，防止淤泥坍入湖中；在里湖各桥建立闸门，根据需要启闭，不使沙土再流入湖内。疏浚采用的次序是：先里湖后外湖，先硬土后葑滩。此外，觉罗满保、黄叔琳等人鉴于上、下塘河是引西湖水灌溉的主要通道，还要求在此次整治西湖时也将城河一并疏浚，其经费也纳入其中。

很快地，就在同年七月，清廷就同意了觉罗满保和黄叔琳的意见，令浙江驿盐道副使王钧负责实施这一工程。工程估算需银42742两，王钧自愿照数捐出所需银两，以实施疏浚工作。为了保证疏浚工程的费用，以防银两不足，还特地同意浙江地方官府动用海塘捐监的银两。于是，浙江官府成立了疏浚西湖的组织，召集了上万名民工，开始再一次治理西湖，“畚锸云集，晴霁而作，霖潦而止；葑者薙之，浅者疏之”。[①]工程始自雍正二年十一月初十日，结束于雍正四年十月二十日，前后近两年，达到“凡阔以丈计者若干，深以尺计者若干”的效果。除老佃、新佃内没有妨碍源流以及安土难迁的部分，如赤山埠、金沙港一带被民间侵占已久的地块没有开浚外，其余湖面各处阻塞源流的徐荡、河头、小南湖等处，都进行了浚治清理，总计共有八十五亩多地挑浚完竣，基本恢复了“湖面澄泓，练如镜如”的旧观。

湖中三堤由于湖水长年的侵啮，基址日削，于是用湖泥增培苏堤、白堤和杨公堤。苏堤增高为三尺，又加宽了一尺，堤岸补植花木，奠定了今天西湖的规模。白堤加宽丈余，加高了二尺，堤面铺上沙石，将二堤修复完好，同时按照传统，再补种上桃柳、芙蓉等。杨公堤虽也有增高增阔，但由于这一带游客稀少，因此不再栽种花木。

在疏浚西湖之余，又对城内诸河中与西湖湖流相交的中河和西小河进行了浚治，以便于舟楫往来。另外，还疏浚了盐运的专用水道东河。

经过这次整治，西湖湖面澄泓如镜，湖水澄碧见底，山影尽可照人，群峰粼粼倒影在下，游船、渔舟、莼艇可以恣意在湖面上划行。里湖各桥，建闸启闭，不使浮土再入湖内。杭州城中即使大旱也不怕缺水了。

① 厉鹗代王钧撰：《开浚西湖碑记》。

近人秋雁在《武林纪游》中赞道："西湖水利，自白乐天以后，二百年而得苏东坡，又四百年而得杨温甫，后二百年复有雍正朝之修治。若西湖非人工之浚掘，必受天然淘汰久矣。"

这次疏浚西湖和城内诸河，前后历时两年，原估算用银42742两，实际耗银37700两。余下的五千银两，在稍后李卫治理西湖的时候买田作今后芟除葑草的资金，使西湖后续的治理有资金的保证。事后，著名的文学家，杭人厉鹗代王钧拟写了《开浚西湖碑记》，记载了这次大规模疏浚的情况。

李卫(1686—1738)，字又玠，江苏铜山人，康熙末年捐资为员外郎，掌管官民的捐纳事宜。他为人公正刚直，嫉恶如仇，不畏权贵。雍正三年(1725)出任浙江巡抚，次年兼理两浙盐政，五年加授浙江总督管巡抚事，雍正十年离浙，改任直隶总督。

在李卫出任浙江巡抚前，闽浙总督觉罗满保和浙江巡抚黄叔琳对西湖的疏浚工程刚刚结束。但这次整治工作并不彻底，留下了很多不足之处，如赤山埠、金沙港等处，自明代杨孟瑛开浚后百姓侵为田庐、冢墓的，因湮壅年久，怕引起公私不便，暂时没有进行整治。而且就在这次治理过之后，为时稍久，"又有为小民占作田荡，并淤滩者二里有奇"。① 李卫上任后，认为"西湖冠两浙之区，行水资万年之利，运盐漕、便舟楫、资灌溉，不止以明丽花月称也"，遂继续从事这一前任未竟的事业。

雍正四年(1726)，李卫和王钧一起，又开始组织人员对西湖进行深挖，尽量扩大西湖的蓄水量，其中里湖和外湖共三千多亩淤浅处比过去挖深了四至五尺，有的更深达五六尺；又将百姓所占田荡照西湖旧址清理；对湖堤各处坍塌的地方，也像此前的治理一样，将所挑沙草堆积在上面，加以修补。次年三月，清廷同意浙江将前次疏浚西湖所余的五千两白银置买田地，交给地方官管理，将每年所收花息作为日后西湖疏浚的费用。这一次大规模的修缮，使"(西湖)上、下两塘支河港、堰埭、桥梁，凡湖流所届远近处所，靡不修举坚固，疏浚深通"。②

---

① 翟灏、翟让辑：《湖山便览》卷1《纪盛·湖》。

② 梁诗正等辑：《西湖志纂》卷二《西湖水利》。

雍正五年，李卫又奏请开浚西湖上游水道，在金沙港、赤山埠、丁家山、茅家埠等处筑石闸各一座，用以泄水阻沙。又因为金沙港受天竺、灵隐诸山之水，来源最大，石走沙行，非一闸所能堵御，故在雍正七年又在原有的闸内增建了滚坝(筑于田畔阻水引流的堤坝)一座，以资蓄泄，并专设两名坝夫进行日常管理，规制非常周备。为了今后维持日后的治理，他"又奏置海宁田千顷，以供岁修之费"。[①]

雍正九年(1731)，因为金沙港中滩沙堆积，逐渐涨成平陆，李卫又决定疏浚金沙港，组织民工挖沙筑堤，自苏堤东浦桥至金沙港修筑了一条广三丈余，全长六十三丈的长堤，名为金沙堤。这条堤一头通六桥路，一头与苏堤东浦桥纵横相接，由此往西通行春桥(今洪春桥)路的一百七十七丈，则建在赵公堤的旧址上。在堤的中段建有一座三孔桥，名"玉带桥"，以通里湖舟楫。

在李卫之时，苏堤、白堤以及西湖周边的各个古迹大多已因年久失修而倾圮。李卫在疏浚西湖的同时，又对西湖周围已经毁坏的名胜古迹进行了大规模的整修，并兴建了花神庙、竹素园、来凤亭、西爽亭、功德坊、碧血丹心坊等不少新的名胜，为西湖增添了许多新的名胜点。

与此同时，李卫考虑到西湖的志书从明代田汝成《西湖游览志》和《西湖游览志余》二书后，已经长久没有续编了，于是从雍正九年开始，在田汝成《西湖游览志》的基础上，重新增删材料，搜罗文献，最终在雍正十三年著成《西湖志》一书。雍正朝《西湖志》共48卷，由李卫本人亲自监修，原任翰林院编修傅王露总纂，是中国古代关于西湖史志的一份重要资料。

二、乾隆年间的治理

自李卫、王钧等人大规模治理西湖后，至乾隆初期，已有三十多年时间未作疏浚。在这期间，西湖的情况又开始变坏了，湖面被濒湖的百姓日渐侵占蚕食。他们先是在湖中种荷、养鱼，接着就开始圈湖为荡，

① 《大清一统志》卷二一八《杭州府·山川·西湖》。

最后发展到筑堤为塘，甚至培土成田，逐渐占垦，形成淤浅沙滩。根据后来治湖时的测量，当时西湖被侵占的面积已达到方圆二里多，导致西湖水利日多阻滞。

乾隆二十二年(1757)三月，清高宗第二次南巡，当获悉仁和、海宁一带粮田必须以西湖水灌溉后，在杭州召见了浙江巡抚杨廷璋，针对西湖占湖为田的严重情况，要求浙江当地严查侵占之事。但是他又考虑到已垦熟之田如果再挖废为湖，会使百姓损失太大，因此又网开一面，要求除已经开垦成熟的湖田外，其余占湖田地一律清除。①

杨廷璋接旨以后，觉得高宗的敕令尚有不完善之处。他向高宗指出：西湖湖水关系到杭城下游的水利和农业生产，“若将有碍水道之处，一概准其存留，恐日渐淤塞，必至不敷灌溉，似应分别办理”，尤其是将“已经开垦成熟者免其清出”，等于承认了占湖为田行为的合法性，因此他建议是否将它们改成“除久垦成田、无碍水源者”字样，得到了清高宗的许可。②

于是，乾隆二十二年至二十三年，杨廷璋开始清理疏浚阻遏西湖水源之处。他数次亲率有关官员到湖滨等处考察巡视，并与藩司官员一起协商，遴选得力的官员，委派盐驿道事温处道朱椿续、盐驿道张唯寅与杭州知府张逢尧等人，重新勘丈湖址面积，将当时湖面及淤浅沙滩逐段丈量清楚，竖立标记；将各处占垦之地荡田亩及淤滩勘明，看有无阻遏水源，逐一插签记认，分定应去、应留，加以明确。勘丈明确后，仍绘图贴说存案。勘丈的结果是，自雍正二年(1724)清理西湖，丈量湖面，周围计 22 里 4 分；现丈湖面只存不及二十里之数，比过去足足少了方圆二里多。

在当年的秋收之后，令该道府督率佐杂各员分头工作，以雍正二年丈定之数为准，将沿湖百姓陆续占垦之处悉行刨挖归湖，以疏通下游水

① 《钦定南巡盛典》卷九三记载，乾隆二十二年三月初一日面谕杨廷璋：“西湖之水，海宁一带田亩藉以灌溉。今闻沿湖多有占垦，若将垦熟之田挖废归湖，小民未免失业，如任其占垦，将来湖身日渐壅塞，海邑田亩有涸竭之虞，于水利、民田均有未便。除已经开垦成熟者免其清出外，嗣后不许再行侵占。”

② 《钦定南巡盛典》卷九三。

利。当时从小有天园开始，往西沿一天山山脚下，金沙港庙后，锦带桥内湖，至钱塘门，再往南到涌金门，从涌金门往西，至清波门西之长桥等处，共清出有碍水道的地荡、淤滩方圆一里左右，并将这些地段逐一开挖归湖。除已成田未碍水源者，蒙"圣主格外恩施"概免刨挖外，其他占湖田地一律清除，并将小有天园门前圈占之水荡清出，用来修建码头，既方便了湖面上船只的往来，又使水流保持畅通。同时，杨廷璋还在柳浪闻莺处，用开挖圈荡的土方筑成一道一百余丈长的堤岸，直至涌金门码头，以作界限；对于沿湖凹凸不齐的地方，则按形势一律取直；对周边的淤浅沙滩，也一律开浚深通。

同时，他还发布命令，规定现存百姓载荷、养鱼的湖荡，只许用竹箔拦隔，以保持水道通畅，不许私筑土堤，图为日后占垦。

最后，杨廷璋照现有的 21 里 2 分的湖面，立石永禁侵占。他下令在东面的涌金门埠头右面，南面的长桥船埠，西面的一天山(即今丁家山)脚，北面湖山神社(今曲院风荷竹素园)等四处，各立石碑一块，将清出里数及侵占官湖例应拟流等条款镌刻在碑石上，"立石永禁，绘图存案"，告谕百姓严禁侵占湖面为田荡。如有人侵占丝毫湖面，即依照强占官湖的法令，严加治罪。同时，考虑到西湖湖身宽阔，担心一些人唯利是图，"或于各处堤岸仍有侵损"，令地方官在清出的堤岸上，照苏堤的式样，沿岸栽种柳树。如此，既可使百姓无法侵占，又可利用柳树的根株盘结来坚固堤身，且一两年后，柳树生长茂盛，万绿成荫，更足与湖山增色。另外，杨廷璋还责令杭州地方官于每年冬令水落时，按图勘验一次湖周，如发现有越占湖面的，立即将其刨挖归湖。如无侵越湖面的现象，即出具并无侵占的印结，申报各上司稽考。倘若官员敢徇私隐匿不报，一旦查出，立即严参。并立法查禁，使百姓再也不敢侵占湖面，以保证西湖永不被侵占，下游民田旱涝有资，有利于民生。

"由是惠泽滂敷，下游农田仰藉充给，年谷殷阜，湖山景色更觉灿然改观。"[①]通过这次治理，西湖的面积又有所恢复。据当时丈量核实，湖面已有 21 里 2 分，较前清理出一里多。但不可否认，由于乾隆皇帝本

① 翟灏、翟让辑：《湖山便览》卷一《纪盛·湖》。

身的宽容,这次整治湖面的工作并不彻底。西湖“各处不碍水源之田亩地荡,尚有五百八十九亩零”,由于这些“已经垦熟田亩,蒙圣主格外施恩,免其清出”,因此当时西湖的面积仍比雍正二年的面积少了方圆近一里。杨廷璋认为:“清出之田亩地荡,虽蒙圣恩不予刨废,但究系侵占,既已免其治罪,复仍归管业,自应酌量征租,以充岁修疏浚西湖之用。”因此,他与有关官员悉心斟酌,综合考虑这些田荡“出息之厚薄”,具体核定每块地荡租额的高低,大约是“每荡一亩,岁征租银五钱;田一亩,岁征租银四钱;地一亩,岁征租银三钱”。地租于乾隆二十三年(1758)起,由地方官按数征收,解送至盐驿道衙门,归入西湖租息项下,为日后挑浚西湖淤泥葑草等项公用。

总之,通过这次治理,西湖的淤塞状况较前有所改观,“湖流畅达,水道不淤,下游田亩从此倍资灌溉之利。白叟黄童咸歌圣泽优渥,乐利无涯矣”![①]

在杨廷璋这次较彻底的治理西湖以后,乾隆三十八年(1773),杭州地方官府又曾挑浚过西湖,但仅止间段,未作全面疏浚,因此施工不久旋即淤塞。[②] 乾隆三十九至四十一年,浙江巡抚三宝也曾疏浚过西湖,并作了《重浚西湖并复柏堂竹阁记》,立碑于西泠印社竹阁后。不过这次疏浚也仅作了局部的施工,所以疏浚不久就又堵塞了。这几次小规模的疏浚活动都不够彻底,因此西湖并没有得到及时有效的浚治,到嘉庆年间,西湖又开始泥沙淤淀,湖面长满了葑草,湖底渐渐淤塞,堤岸也开始坍塌了。

三、嘉庆年间的两次大规模治理

嘉庆九年(1804),浙江巡抚阮元首先捐出了自己的俸禄,用来治理西湖以及杭州的水利。在他的带动下,当时的地方官员、士绅、商人等也纷纷捐资,前后共收到捐银四千八百余两。于是,开始了大规模的西

① 《钦定南巡盛典》卷九三。

② 颜检:《疏浚西湖碑记》,载《西湖新志补遗》卷一《山水》。

湖、杭州城内水利疏浚工程。

阮元(1764—1844),字伯元,号云台,晚号怡性老人,江苏仪征人,乾隆五十四年(1789)进士,次年授翰林院编修。历浙江、江西、河南巡抚,湖广、两广、云贵总督等职,是清代嘉庆、道光间名臣。他曾于嘉庆四年(1799)至十年(1805)、十二年(1807)至十四年(1809)两次出任浙江巡抚。在浙江期间,政绩卓著,特别对杭州的发展贡献至多,而疏浚西湖便是其中之一。

这次工程具体由候铨同知邱基负责。邱基是杭州本地人,又深知水利之道,在调集了大量民工,经过十个多月的艰苦努力后,终于完成了这次水利疏浚重任。

这次疏浚,从学士港流福沟至三桥址,共挖出土方 4794 方;从三桥址北至满城南,过藩司东行宫前之太平沟、金箔桥、通江桥、过军桥、庆丰关等处,共掘土 4651 方。经过这次整治以后,将学士港增宽至 15 丈 6 尺,清波门首受湖水,流入流福沟,经过运司前,与环带沟的水相汇,到达三桥址后,又与涌金水门的水相汇,一起流入满营城。由此,这一带的水道畅通无阻,不再有泛滥之苦。另外,藩司前诸山的溪水也汇入到太平沟中。

与此同时,阮元又令人在西湖西边的涌金、西南的清波、正南面的兴隆以及西北的圣塘、涧水、石函等六闸之处,设立金、木、水、火、土五道闸板,根据湖水的涨落增减,决定这些闸门的开启和闭锁。闸门的起降工作,由杭州府水利通判专门管理,具体操作事宜,由仁和、钱塘两县的主簿、运司等轮流进行,各级官员也要经常进行督察,并须另具文案以备考。

在这次大规模的治理以后,阮元还定下规制,要求今后每年十一月对西湖进行一次常规浚治,并尽量做到“毋减工,毋累民”。事后,阮元还专门撰写了《重浚杭城水利记》,完整地记录了此次疏浚西湖的全过程,令人刻记于碑,并刻图于记文之后,在石碑的反面,还镌刻上本次治理时捐银人的名字,以示褒扬之意。碑石刻好后,放置于吴山海会寺。吴山海会寺是清代杭州地方官在城内的祈雨之所,碑石放在此寺的目

的，就是使后代的长官都可以看到，可以作为后世治理西湖的经验。①

嘉庆十年(1805)，阮元丁父忧回家守孝，离开了杭州。至嘉庆十二年，丁忧期满后再次出任浙江巡抚。次年，他在勘察西湖时，发现西湖湖底的淤泥堆积得非常厚，葑草高出水面。于是，在取得嘉庆帝的谕准后，再次招集民工疏浚西湖。在处理清挖出来的葑草和淤泥时，考虑到北山至南山相距十里，湖面空旷，三潭以南每遇风浪大作，船只没有停泊避风的去处。值此机会，遂效仿北宋苏东坡的做法，将所挖的湖泥，积葑为墩，垒成湖中一个小岛，以供游船之人停舟之用。② 此岛面积大约八亩半，成为湖中的第三个小岛，后来杭州百姓为纪念阮元对当地的功绩，名之为"阮公墩"。至此，现代西湖"一湖两塔三岛三堤"的轮廓已经基本形成。

根据文献记载看，阮公墩最初的筑成似乎仅为实用，但读一读阮元对该岛的题诗就知并不尽然。他曾为整治后的平湖秋月撰联，曰"胜地重新在红藕花中绿杨荫里，清游自昔看长天一色朗月当空"，阮元曾任翰林院编修，其文学与美学修养可窥一斑。阮公墩自筑成后，岛上曾遍种芙蓉，花开时照耀中流，灿若云锦，一百八十余年岛上从无建筑，惟杂树荒草丛生，成为候鸟栖息地。这一状况一直延续到20世纪80年代。

在治理西湖以外，阮元还为杭州百姓做了很多名载功史的事。他修筑了钱塘江海塘，创办了诂经精舍和灵隐书藏，重修或建造白苏二公祠、岳庙、孔庙和西湖行宫，组织文人学者编撰了《经籍纂诂》、《浙江通志》、《两浙金石志》、《两浙輶轩录》等书，不仅为保护西湖的名胜古迹、提升西湖景观的文化内涵作出了重要的贡献，而且有力地推进了浙江及杭州的文化教育事业建设，乃至清代学术文化的发展。

阮元以后，治理西湖比较著名的是嘉庆十九年(1814年)的浙江巡抚颜检。颜检(1757—1832)，字惺甫，号岱山，又号岱云，别号槎客，拔贡生出身，历经乾隆、嘉庆、道光三朝，虽明于吏事，但因其对民宽厚，曾

① 以上内容参见阮元《揅经室集·三集》卷四《嘉庆九年重浚杭城水利记》。

② 《西泠怀古集·阮序》："又因北山至南山相距十里，湖面空阔旷，三潭以南遇风作，无停泊处。适浚湖，因仿坡公筑堤之法，积葑为墩，为游人舣舟之所。"

累遭打击和贬谪。嘉庆十九年，从山东盐运使以三品顶戴升任浙江巡抚。

颜检到任以后，经过调查，深知浙江的水利，当以海塘为最，其次为西湖。他认为西湖水利的整修，关系到仁和、钱塘、海宁数县上万亩农田的灌溉，以及杭城运河航运，等等。而当时西湖环湖三十里，积淤近百年，葑草滋蔓，高出水面，港道浅流，多处行舟不便，因此决定重浚西湖，并认为修湖不仅有利于农业灌溉，还可以趁此使"贫民藉工得食"。

此前西湖曾有几次较小规模的整治，如御史王嘉栋就曾以工代赈开浚西湖，虽然取得了一定的成效，但由于仅限于局部分段施工，整治后不久又出现了湖面淤塞的现象。鉴于这几次的教训，颜检认为小治很难达到治本的目的，要使西湖的面貌得到彻底的改变，非全湖大浚不可。当时，正好杭州士绅不断有人请颜检治理西湖，杭城商人顾源盛等又呈借藩库银分年生息，总计已经生利达四万两，基本上可以满足大规模疏浚西湖的经费所需。

于是颜检上书朝廷，奏请疏浚杭州西湖，并很快得到了批准。为了慎重起见，在施工之前，他还亲自到西湖去实地勘察，在实地调查的基础上，和有关官员一起估算工程，制定了非常详细的开疏方案，并委派素习水利的两浙盐运使张灼等人主持具体工作，杭州人严守荣做其副手。

这次疏浚根据西湖淤塞情况的轻重缓急，分步进行。工程从淤积最严重的外湖之涌金门处开始，划块进行，每块都分成五段，如从涌金门到雷峰嘴分为五段，从雷峰嘴到问水亭又分为五段。外湖竣工后，再浚里湖和后湖(北里湖)。里湖孤山等路也是分为五段，每段遴派官员分段承办，在段与段间插标认界，一律疏浚。总管全面事务的严守荣和李守昉两人来往于各段之间，负责工程的总调度；两浙盐运使张灼为总指挥；而颜检本人也不时地亲自到现场去视察工程的进度和质量。

颜检在《疏浚西湖碑记》中还详记了具体的浚湖工具以及疏浚步骤，可见这次疏浚工作之严谨。疏浚的具体操作方法是，在水深处用罱夹出泥，水浅泥厚处则用耙挖。对于一些淤积时间较长的地方，原先用的四齿耙效果不好，于是颜检就下令打造"爬梳得力"的五齿耙、六齿耙

各一百柄。湖中清理出来的淤泥，放置在事先设计好的位置较近的堤上或坍塌低洼之处，排次钉桩，或用篱笆围筑起来，防止泥土再流入湖中。在外湖清理完毕后，再对里湖及孤山等路进行清理。其方法同于外湖，亦将其分为五段，一律加以疏浚。

这次疏浚工程，在嘉庆十九年十二月初五日进行祀土仪式，次年二月初九日开浚，历时两个多月，顺利完工。在这段时间里，数千民夫“黎明赴工，击鼓会饭；饭罢复作，无有先后偷懒。计舡验土给值，无敢作伪”，全力投入到疏浚工程中。通过此次疏浚，湖面上的葑草全部去除，湖底积年的淤泥也挖去，湖水的深度增加，“向时萧苇一望者，尽见天光云影”。由于湖水加深，蓄水量大增，使城外的上下两塘河“流注俱满，民田资灌，可无饥岁”；同时“盐船载运出入，亦无阻碍”，[①]既满足了下游农田的灌溉，又有利于城内的水运交通。

2007年，在杭州西泠印社的墙角下挖出一块已断成五六截的《疏浚西湖碑记》，写的就是巡抚颜检疏浚西湖，兴修水利的事。此记由颜检本人亲自撰文，书法家张灼所书。碑文刻写于嘉庆二十年(1815)，记载了西湖在当时的重要性：浙省要工，海塘为最，其次，则西湖水利。西湖水自艮山、钱塘两门，流注上、下塘河。由于西湖积淤过多，上源既浅，下流遇旱易涸，不仅影响农田灌溉，还会影响盐船往来。后来，颜检上书奏请疏浚西湖，兴修水利，等等。这块碑的发现，为此次治理的研究提供了实证资料。

四、道光年间的西湖岁修

在颜检大规模的疏浚西湖以后，由于后任官员不注意维护，因此没几年西湖的葑草又开始疯长。由于湖泥淤塞，又导致湖中蓄水量减少。道光二年(1822)夏，杭州大旱，因此湖水更是不足。

就在这一年，杭州当地人、学者张云璈又提出了《开浚西湖私议》，

① 颜检：《疏浚西湖碑记》，载《西湖新志补遗》卷一《山水》。

说："……西湖之不浚者久矣。二十年来，仅阮元、颜检两中丞曾一讲求，而未竟其事，名不副实。近则湖日益淤，弥望葑草如田，棹船者取道迂曲，不能径达。今年夏旱尤甚，水且无矣，何言乎利？地方大吏，未尝不隐忧之。献议者动云需朱提二十余万，当事者辄怵然中止。"①指出当时西湖淤积的严重情况，批评当地官员因顾虑浚湖耗费太多而往往不敢有所作为，并说明事实上治湖的费用并没有如想象中的那么多。接着，他又说："开西湖与他河异，他河可筑坝，计以土方，西湖之底，不能仁足，必须船载。用罱泥具夹草根而去之，湖底自深。其草泥或仍傅于苏堤，或择废址而为九仞之山。盖湖中泥少而草多，堆贮虽高，一经风日，所积无几。若但贴湖之四周，则经雨仍泻入湖，并资居民侵占之基，前功弃矣。虽然，开浚一时事也，其切要惟赖平时湖闸之启闭。西湖之地仰高，蓄水全在乎闸。仁、义、礼、智、信五版，宜立专官。有私放水者，严禁之，则水常蓄。若得仿钱氏撩湖兵之法，量置一二百人，更善。"

另外，他还认为湖中养鱼不失为一种好的治湖方法。鱼能食草，不会让葑草在湖中蔓延开来。同时，湖中的鱼可以出售获利，其收入可以作为每年整治西湖的费用。养鱼治湖的方法，在阮元任浙江巡抚时就曾实行过，但限于当时的条件，其方法还不够完善。而且阮元离浙后，此事就停止了，当时的州人都觉得非常的可惜。因此，张云璈希望地方官能够实行此法。

遗憾的是，当局者并没有重视张云璈的建议。于是，西湖的湮塞情况继续恶化。到道光七年(1827)时，沿湖堤岸的映波、锁澜、压堤、西泠各桥座及十景碑亭损坏残缺，葑草在西湖中迅速蔓延开来，湖身淤浅，蓄水不多的现象也越来越严重了。如"涌金门沿城及长桥一带，野草丛生，长四五尺，根深且固，方圆计有二百四十余亩"。直到道光九年，才开始又一次大规模的疏浚。

道光九年(1829)，杭州地方百姓在浙江巡抚兼管盐政刘彬士的统领和调拨下，开始了杭州历史上持续时间最久的一次治理西湖。这次

① 张云璈：《简松草堂文集》卷九。

治理，从道光九年一直持续到道光二十三年(1843)，期间换了数任地方长官，而治理之事一直没有间断。

刘彬士，湖北黄波人，嘉庆六年(1801)的榜眼，为官清正。道光九年，刘彬士来浙江任巡抚兼管盐政时，马上有杭州在籍绅宦向他呈递了《岁浚西湖章程十二条》，呈请酌定。这十二条章程是当地的绅宦钱栻、魏成宪、景谦、朱勋、胡敬、沈荣彪、邵正笏、庄仲方、苏绎、梁田、韩文彬、许延敬以及四所甲商金裕新、方复元、汪义泰、祝逢吉等人公议以后，集体拟制的。刘彬士收到章程后，逐一详查，当即照议批行，很快就成立了具有民间组织机构性质的西湖岁浚局。经过众多绅宦的公举，推选王锡为正董事，魏彭年、钱廷薰为副董事，总理西湖每年的疏浚事宜。这是杭州有史以来，西湖浚治工程首次由官府主持经营改为官府主持、民间绅宦具体经办的合作实施模式。刘彬士认为这种模式的好处有五点，即：

> 西湖屡次大挑，辄靡费数万金，而程功太速，旋挑旋淤。今输息有额，按季领银修浚，以渐以恒，无卤莽之弊，其善一也；海宁钱塘向有租息数百金为修湖费，而官支官办，辄以具文塞责，今选举董事经理，不假吏胥，无侵扣之弊，其善二也；董事贤否，地方官未必深知，今由绅宦公举，可期得人无滥充之弊，其善三也；以本籍之人兴本籍之利，或效或不效，必畏月旦公评，无废弛之弊，其善四也；每岁孟春，绅宦公集苏白二公祠，清厘支存款目，无猜疑之弊，其善五也。①

即，具有花钱少、见效快、无侵扣、得人准、效果佳等优点。

这次治湖所需的费用，则来自前任浙江巡抚帅承瀛离任时所捐的四万多两白银。

帅承瀛(1766—1841)，字士登，号仙舟。湖北黄梅人。道光元年(1821)升任浙江巡抚。帅承瀛在浙江期间，兴利除废，激励商工学，锄

① 佚名：《西湖岁修章程全案・序》，《西湖文献集成》第9册。

奸除弊，减捐、赈灾，以清廉称著于世，为浙江百姓做了很多益事。他又捐费疏浚西湖，修建海盐石塘，凡是有益于国计民生的事情，无不尽心竭力筹划经营，直到做得完善妥帖才肯罢休。因此，道光帝嘉奖他是“一代名臣”。他为官清正廉洁，在道光四年因亲丧回籍时，有应入他名下的平时积余钱八万两，役吏告诉他可以依旧例提取，他拒辞不取。于是捐出这八万两银子，并将其中的四万六千两，作为每年修缮西湖的经费，其余的用来救济贫苦的读书人和鳏寡孤独的受苦人。用来修缮西湖的四万六千两中，后来因挑浚西溪，用去银一千两，为修理仁和县的北落双桥，又拨银五千两，尚存的白银四万两，按每月八厘的利息计息，每年可得息银三千八百四十两，作为每年例行疏浚西湖的专款，这笔款项就成为此次疏浚的主要费用来源。杭州百姓很感激他，后来就在西子湖畔为他修建生祠，叫“帅公祠”，以表达纪念和感激之情。

这次呈递的《岁浚西湖章程十二条》内容非常详尽，其中关于具体的治湖工作主要有这些：

……

一、每年除严寒酷暑外，二月开工，五月停止；八月开工，十一月停止。雇募人夫捞浚。其葑草淤泥用船运者，按船给钱；掘土长工按工给钱；挑泥担夫按担给钱。量路之近远，酌钱之多寡。董事认真督察，费不虚糜。司事实力奉行，工归有济……

一、全湖淤垫已甚，势难措手。宜将里外湖行舟水路先开，以利往来。然后由边岸以讫中央，次第挨段浚治。凡四面沿堤、逢桥可以筑坝。车水者仍留浅水少分，用资出土运载。每船一只，用夫二名。先用长柄泥罱夹去浮泥，次用长柄窝刀扎刈葑草，又次用长柄尖齿铁扒，挖取硬土。其湖心宽旷不能筑坝之处，带水捞掘。日计不足，岁计有余，年复一年，自见成效。

一、湖底陷泥，不堪驻足。水满固碍施工，水竭湖干，船难转运，全藉肩挑，事劳功半。且西湖取润金水，镇制离龙，昔人引咎涸辙，叮咛殷鉴，载在志书，尤非谬说，不特久晴灌溉无备而已也。开闸放水，罄尽澈底，兴挑之策，久后亦断不可行，惟有逐段以次开

深，即以次船运，载近湖岸空阔处所堆积，肩挑不过数十步。或某堤尚可高阔、某地尚应填筑，酌令挑去。其不须高阔填筑之处，不得混复一箕。

一、应用船只山支、铁扒铁锹、勾草窝刀、掀蒲排跳、马跳、提箕、挑泥大土箕、泥罱料杓、打坝板片、桩木水车等一切器具，置备足用，每岁检点增修。南山以表忠观为总局，北山以苏白二公祠为总局，存贮器具。若挨段开浚之处，与总局窎远者，另赁短寓以为按给，夫价登记账目公所。

一、董事按季具领商息，量入为出，无虞垫累，亦不得多存。每年正月，在西湖苏白二公祠会集绅宦，查核统年收支账目，用杉板书管收除，在四柱清数钉于壁间，人人共见。仍另刊纸张，以公稽考，每年恭请抚宪批阅一次。此项不动工款，免其报销，以杜胥吏掣肘之弊。工次或有需索阻挠，此系地方公务，大小衙门俱可交送惩办，无庸专派委员弹压，以节繁费。

一、出土最难得所，须预觅闲旷，以备堆贮。但近岸淤滩，向多侵占，其弊于水涸之时，就淤滩远拦土埂，逐渐填平，种植牟利。设遇清查，串嘱充佃。佃地倍增，湖面倍蹙。例禁虽严，占踞有恃。将来岁浚出土，必过拦阻。查历年开湖，详案规条及湖面分段界限、佃地花户分丈量图册，钱塘县工书承行有案，应请酌给纸币饭食，行县拣查录送一分，发交董事备查。既可取法前规，而沿湖隙地若为官佃、若为私占，一目了然，出土堆泥，亦知所趋向矣。非独承值岁修，应知西湖全局已也。

一、西湖向有田亩租息，岁修仍听官为经理，概不干预。各处闸坝，系水利衙门职司启闭，倘董事办公堵坝戽水，于湖流蓄泄偶有相关，和衷共济。

……

这份章程，从经费的来源、经费具体的使用规章、监督方法，到每年浚湖的时间、具体程序、浚湖工具、堆泥场所，等等，作了非常周备详细的说明，可操作性非常强。

从以上的章程内容可以看出，这次疏浚的主要力量是杭州本地的一批很有乡土责任感的士绅。他们长期生活在这里，能深刻地感受到西湖对这个城市以及城市中人民生活的重要性，也看到了此前西湖屡浚屡塞的现象，深知西湖的疏浚是一项长期工作，需要"按年疏治"，而并非大动干戈地疏浚过一次就一劳永逸了。所以他们"公举贤能诚实者三四人董其事，请给戳记，按月具领，随时疏浚"，并决定于每年正月，在西湖的苏白二公祠中会集诸位绅商一起，查核前一年的经费使用情况。

事实上，这次关于疏浚西湖的申请，还是费了好长时间才得到批准的。早在刘彬士来浙好几年之前的道光三年，士绅们就已经开始上报申请疏浚西湖了，直到道光八年还尚未完全定议，花了整整五年时间，到道光九年刘彬士巡抚浙江后才最终被批准。在清代末年，地方的办事程序非常复杂，从《西湖岁修章程全案》汇编的资料来看，光是一个很小的申请就需要公文往来数十道，非常繁琐。但好在，最终还是得到了官府相关部门的批准了。

道光十年(1830)四月，浙江巡抚兼管盐政刘彬士特意为这次疏浚作了一个序文，并将序文刻石苏、白祠旁。

道光九年开始岁浚西湖，当年十二月，在进行过一段时间的治理后，在总结前期经验的基础上，由董事王锡又呈上了一份经过修订后的《续陈西湖岁浚规则十二条》，其主要内容有：

一、开工预传地保、渔总、庄户，用竹片大书出土字样，眼同指签，沿湖佃地、佃荡预备出土之用。凡开浚西湖，向在佃地、佃荡出土，该渔总等每有受嘱隐匿之弊。能得钱邑，经征佃户印册(必须注有小地名者)，便一目了然矣。

一、先传集岸工，相度出土地方及动工处所。沿湖堤岸，应打桩夹笆者，打桩夹笆，再加土埂。或只能培筑土埂，或向有石砌塘塴、年久圮缺不全，增修加砌。然后再用水工船只挖取淤泥，拢岸出土。此办理之次第也。若水岸工并举，势必夹杂，难为稽考。

一、湖堤桩木，向来最长者不过六七尺，出土二三尺。每桩相

离二尺。今用桩木，长者二丈左右及一丈四五六尺不等，入土总在一丈以外，出土以四五尺为率。现在每桩仅离尺许，密排深钉，可期坚久。桩木之内加钉竹笆。竹笆之内，将燥土筑为土埂，高五尺，阔五六尺，用石榔头敲打结实，所以抵护桩木也。土埂之内，倾贮现浚淤泥，永无复卸入湖之虑。

一、沿湖桩木，各处长短不一，并有仅修石塘者，仅作土埂者，各各不同，然其中有一定之理。凡桩木长者，湖边地阔滩低土厚，与岸上行路高下悬殊。此时久晴水落，稍觉其高；将来水满浸灌，适当其宜，总以岸上行路为准。其桩不用长之处，下面铁沙不能深入又挂脚，石山仅宜土埂。向有石塘者只须修砌。此各各不同之原委也。

……

一、水岸夫工之内，带有石作、金钩等匠。凡石塘港塴倾圮者，其石料大半尚在水中。拣选壮夫，给与赏筹，落水捞起，随手砌好。如金沙港塴、湖山春社等各处马头，塘岸一律完整，所费无几，省却多少觊觎干请之烦。

……

这份《续陈西湖岁浚规则十二条》，得到了相关官府机构的首肯。于是，新一轮的浚治西湖工程破土兴工了。董事局从开工以来，购备器具、桩木、竹笆，雇募水岸夫工、船只，遵照章程，乘时择要，实力奉行。或将港道开通，以利舟楫而便往来；或将葑根淤积，全行芟刈。其沿湖岸堤，或用桩木、竹笆坚筑土埂；或将过去圮缺不全的石塴，增修加砌，均根据其具体情况，因地制宜，一一加以修整，以为永久之计。

道光十年(1830)闰四月十九日，因正董事王锡生病去世，经绅宦会议，一致推选魏彭年总理其事，任西湖岁修正董事，钱廷薰、章黼为副董事。魏氏上任后，立即率杭城各绅宦遍历湖堤闸坝周围履勘，与众人一起商酌西湖治理的事宜。大家认为挑浚修筑之处，应根据先后缓急，依次开工。其中，陆言又提出了《续议章程十二章》，对过去岁浚规条作了进一步的完善和补充：

一、浚湖宜自深秋以迄春初。(秋冬之交，多晴少雨，一宜也；水涸淤高，力易施而工费较省，二宜也；农事毕，则趋工者多，三宜也。)

一、先浚来源，修培滚坝，增设闸板，以资泄水阻沙。次浚里湖，再次则浚外湖。(雍正五年，议浚各上游水道，于金沙港、茅家埠、丁家桥、赤山埠各建石闸四座，以泄水阻沙。又以金沙港受天竺、灵隐诸山之水，来源最大，石走沙行，非一闸所能堵御，复于闸内增建滚坝一座，以资蓄泄，规制最为周备。查金沙港现在沙石甚多，应亟行挑浚。滚坝虽间有残缺，而基址甚坚，尚易培补。闸基现存，惟少闸门并闸板耳；茅家埠港路淤塞更甚，宜大加挑浚，石闸具在；丁家桥、赤山埠次之，均应添设闸板。并增建金沙港闸门，交附近居民收管，以时启闭。此疏导来源之最先务者也。至法公埠、环壁桥、学士港、长桥等处，亦宜以相次相机挑浚。)

一、开浚里外湖，宜先就来源水路而疏导之。其次则就行舟水路而疏通之。然后由边岸以迄中央。

一、培里外湖堤，只须加高，毋庸帮阔(查里外湖自苏、白二堤之外，尚有赵公堤、杨公堤、白沙、金沙等堤，皆可就近出土。再近日湖堤俱已占宽，只宜加高，不必再帮阔也)。

一、培南北山官地及空闲处所，俱以岸上行路为界，不宜近湖。

一、清波门、涌金门、钱塘门一带城根，凡近洼处可出土培之，亦以行路为界。

一、清理近湖佃地淤滩，以杜侵占。

一、如遇不敷出土之处，可买地买荡填之。

一、里外湖出土地面，无论南北东西，必须宽为筹备，庶可就动工处所，择近便之地而倾贮之。若距工太远，则船运肩挑，往返徒费工力，最宜善酌。

一、上年培堤之法，先钉竹笆，外用松桩密排深钉。每桩仅离尺许，竹笆之内又筑土埂镶培，至为周密。惟近水处所湿土松浮并缺角零边之地，尚需于竹笆内再用大竹络盛石填之，以资拦土而固堤身，且免将来銼卸。

一、仪征阮官保前抚浙时，挑浚南山等处，将出土堆筑湖心，今称阮公墩。阅岁已久，渐见坍卸，宜四面多加桩木，或围以铁链，俾之永固。就此处出土，尚可堆高，但不宜帮阔，有碍湖身。

一、西湖淤塞，皆有葑草壅积，腐则化泥。前人有养鱼去草之法，所谓人力不劳，公私两利。近有绍、台等处无业流民，湖边养鸭，于南北两山僻处，搭盖草棚居住，统计数十家，养鸭不啻十万之多，遂致鸭日增而鱼日减。鸭肥入湖，葑草愈茂。更有甚者，每当春夏之交，虫豸蠕动，鸭群向堤边唼接，蔑笆土堤即渐松卸，日积月累，为害不觉，由来已二十余年，未行查禁，近今益甚。兹采舆论、集众议，谓养鸭有三害：损堤防、助葑草、歼鱼类，应请严行论禁。如不遵者，拆毁草棚，驱逐回籍，庶挑浚之后，湖堤永固。再商养鱼去草，次第举行，亦除弊兴得之一端耳！

这份《续议章程十二章》中，尤其是最后一条，即西湖严禁养鸭，以资养鱼的报告立刻得到了巡抚刘彬士的重视，遂于当年十月颁发钱塘县告示十道，分发到西湖各处张挂，并勒石湖堤，使得久远遵循。于是，沿湖养鸭的人畏惧法令的威严而敛迹，自行将草棚拆去，毫无保留。

道光十五年(1835)十月初六日、道光十六年九月，钱廷薰、章黼、王泰三人先后向浙江巡抚上了开浚西湖的有关建议，特别是后者，即《续议浚湖章程八则》，在这几年治湖实践的基础上，对湖堤的整修进一步提出了许多非常建设性的建议：

一、苏堤种菜，宜分别禁止也。查苏堤计长一千丈有零，高下三层：第一层，名为老佃地；第二层，嘉庆十九年前抚宪颜开湖所积之土，低于第一层数尺；第三层，道光九年至十六年，各董事岁浚积土于此。此苏堤帮阔之原委也。其第一层傍官道者，自压堤桥至锁澜桥止，系雍正十一年赏给圣因寺僧艺蔬果，以充日用。寺僧召佃，岁收租息三十余千文，历久并无增加。近因佃户贪图微利，老地垦种之外，新筑土埂，今年履勘，已被刨挖不全。今春补插杨柳、芙蓉五千余枝，该佃户以种菜碍于遮阴，砍伐净尽、虽历次送弹压

官严究具结在案，积玩已深，未能悛改。应请饬县严禁，只准圣因寺佃户在第一层老地种菜，不准占种二三层新地，庶于花木堤岸，两有裨益。

一、两堤私牧，宜申明旧例也。游牧向有界限：江干为营驿牧地；南山为驻防牧地；至北山及两堤，向例不准放马……近年钱塘门一带，有人畜养私应请严饬禁止。再拟于各桥要路，设立拒马，以杜蹂躏之患。

一、葑草化泥，尤首重去土也。西湖淤浅，皆由草化，是以原议章程，春夏去草，秋冬去泥。但本年开工以来，将全湖葑草芟除殆尽，旬日间又复丛生。因思水草最易滋生，一经捞掘，其根愈松，譬若耘田，萌芽益茂。且带水捞起，工力倍增。及至萎化，轻如细末，故草积一尺，泥仅寸许。不若于冬令施工，罱泥一寸，即已去一年之草。罱泥数寸，并可去数年之草。岁加浚治，虽湖面有草，而湖底深通，何虑其淤浅耶！今议如春夏去草，只须于行舟港路，随时捞浚，以利往来。至鸡头、刺菱、莼菜三种，小民藉此获利，毋庸刈除，任其枯萎化泥，仍俟冬令罱取为便。

一、养鱼去草，实公私两利也。查《西湖志》载雍正五年成案，钱塘县民人徐子佩具呈，请借官本蓄养草鱼，将新长萌芽，随时啮去，则人力不劳而功速。由县转详，西湖葑草湮塞之患，其来已久，前贤芟草之法，详且尽矣，从未有议及公私两利，用力绵长，永绝葑患者也。并以西湖原系公家之产，不能禁止捕鱼。议定于里湖设簖养鱼，禁人采捕。其外湖一带，听从民便。奉院批如详，准行在案。道光十年，前抚宪刘示谕，该渔户总庄首随时买放鱼种，试行蓄鱼去草之法，因伊等无力出资，致未举行。本年里湖养鱼，不领官本，系董事垫项办理。俟鱼长货卖，提还鱼本。所得余息，散给渔户二百余家，每人派得钱若干，填写执照。弹压官先期出示晓谕，令本人亲身赴领，毋许渔总庄首从中尅扣。官收去草之功，民亦获网罟之利，公私两益，众情翕然。至鱼类惟鲩鱼一种，专能食草，须赴九江采买到浙，仅可养大，不能孳生。大鱼千头，日食草八担。现在里湖湖底，已有方丈见泥之处，是其明验。现今初行试

办，若干实有功效，自宜著为成法。

一、罱泥计船，以归核实也。水工每日用夫，少则五六十名，多则二三百名。船只既众，来往如梭，势难稽察。每有点名给筹后，并不赴工，避匿僻静处所，至晚凭筹领钱，易于浮冒。今于点名给筹外，另制烙印小筹，每船罱泥一船，载往堤岸，将泥跳毕，司事给予小筹一根，至晚回筹。每日每船，议有定额。冬令晷短，缴泥十三船。交春日长，再加五船。缺额者，次日补满。逾额者，每船加给钱十文。有赏必信，渐知踊跃趋公。所罱湖泥，务须干土，不准多带水浆，亦不得以半船塞责。每船计泥六斛，司事验明无弊，方准给筹。其罱具创制甚精，用竹编成，厥形似箕，可张可合，口阔一尺八寸，柄长八尺五寸，张罱下注，则泥入罱中，闭罱高提，则水溢罱外。在水涸固易浅求，即水满亦能深取，西湖疏浚，莫此为良。此次局中自备坚大罱具，既无小罱偷减之虞，亦无破罱卸漏之弊。

一、白堤宜增高也。浙山自天目发源，一支趋南，一支落北，至石塔头止，故西湖地势南高北低。现在测量水平，苏堤高出水面一丈一尺六寸，白堤高于水面者仅八寸耳。大雨时行，往往水漫过堤，行路阻绝。且堤面一经水浸，其激荡之势最易坏堤，亟宜培土加高，庶臻巩固。

一、来源宜深畅也。金沙港受灵隐、天竺诸山之水，来源最大。春夏山水陡发，挟沙夹石而来，易致湮塞。向设大小滚坝二座，并建闸板以资泄水阻沙，规制最为周备，年久损坏。本年将两坝修整完好，并添置闸板。坝内停积沙石，督工挑清，计深六尺四寸，堪以蓄泄。又于流金桥外新辟小港一道，计阔三丈四尺，深五尺，舟行可以直达坝前，所以疏导来源，不使随地漫溢。嗣后港道淤浅，亟宜开深。滚坝停沙，务须挑尽，来源既畅，下流自无湮塞之患矣。

一、疏浚宜绵密也。前抚宪创为岁浚之法，虑至深远。盖湖面计有一万一千三百十五亩之辽阔，深浅无定。夏时南风则北岸易塞，冬令北风则南岸又淤，且草化为泥，其质松散，动如细尘，故昔人有香灰之喻。查历年浚治，或当时掘成深窟，久后亦复刷平。此种草泥，即使坚筑堤岸，湿则胶融，干则松卸。是在随时履勘，湖身

> 淤浅处疏通之，堤岸残缺处修补之，用力绵长，自有成效。缘西湖向无专管之人，每有外来流民，乘间窃取，若不随时查看，笆桩被其货卖，树木伐为柴薪，土埂开作田沟，塘石移为坐具。此次悉心查察，犯者必惩，嗣后永久遵行，庶西湖之流泽孔长矣。

这些方案均得到了官府的批准。于是，众位绅宦不辞辛苦，精心谋划、认真办理。在他们的艰苦努力下，工竣之处，堤桩坚固，挑浚深通，其质量远远超过官办的工程。

从这些章程中，基本可以看出杭州地方官、绅、民共同致力西湖疏浚的情况。细致周密的布署，一丝不苟的态度，来源于生活实践的科学方法，取得了非常好的治理效果。其中关于西湖治理的一些注意事项，在今天看来，仍有很好的借鉴意义。

此前的历次治理西湖，多为地方官员主持，在历代知府或巡抚的带领下所进行的官方行动。杭州当地百姓在疏浚西湖中的作用，主要是在地方官吏的指挥下，按照要求从事具体的疏浚工作。而道光年间的这次治理，可以看到地方绅宦在其中的巨大贡献。从最初道光二年郡人张云璈的提议，到 16 位地方乡绅和四所甲商公议，提出要求治湖，到具体的计划、工程安排、操作步骤，等等，多由民间组织自发进行，而官府只是起了一个管理、监督的责任。显然这次的治理，其主体是地方百姓，而不是官员，这是和此前以及此后的历次疏浚所截然不同的。

咸丰年间，发生了“洪杨之变”。咸丰十年(1860 年)三月，太平天国忠王李秀成率部经西湖清波门攻入杭城，使西湖周边的名胜古迹都遭到了毁损。次年十一月，李秀成军再次占领杭城，西湖名胜复遭兵燹。“洪杨之变”后，同治三年(1864 年)十一月，蒋益沣任浙江巡抚，疏陈善后事宜，一筹闽饷，一浚湖汊，一筑海塘，一捕枪匪。本地著名的士绅丁申、丁丙兄弟乃向巡抚上言请求重修西湖。在巡抚蒋益沣的支持下，以丁申、丁丙兄弟为首的地方官绅筹专款于湖滨设置了西湖浚湖局，专职疏浚西湖，确定经费，并委丁丙主事。

浚湖局成立后，首先就重新仔细丈量了西湖的面积，使“全湖水陆，

处处皆有丈尺可寻，以之考工，工无所遁；以之定界，界莫能侵矣”，为其后的治理做好基础工作。然后，置船雇役，日事浚治，每年定期地常川撩葑。诸凡名胜，随时修理，遂使西湖名胜“次第归复”。据记载，当时的闽浙总督左宗棠还曾在西湖中试行过研制的小型蒸汽轮船，可知当时经过治理后，湖水应有一定的深度，也应该无太多的葑蔓。

综观历代的西湖疏浚，与唐宋明诸朝相比，清代在对西湖的治理上是后来居上的。具体说主要表现在三个方面的进步：

首先，在疏浚西湖的次数上，清代明显要比前朝多得多。根据光绪《杭州府志》的记载，历史上规模比较大的治理，北宋有三次，南宋有八次，平均四五十年有一次较大的疏浚；明代共有七次疏浚；而清代在不到三百年的时间里，规模大小不等的疏浚有十一次，尚有多次未计算在内。而且清代的疏浚多由浙江巡抚、布政使等主持，经费相当充足。如明代杨孟瑛治湖的费用为两万多两银子，而在雍正年间的治理时，用银多达四万多两，相比杨孟瑛时多了一倍左右。

其次，治理工作日渐完善，治理措施相对比较成熟系统。在明代以前，对于西湖的疏浚多以撩去葑草，除去湖底淤泥，加深湖水深度为主。而到了清代，除了“葑者薙之，浅者疏之”外，又力求开拓西湖的水源，从上游水源的治理开始，从源头上保证西湖来水的充沛和洁净，“以贻万世无穷之利”。同时，通常都把疏浚西湖与治理城内的河道结合起来，以清洁的湖水注入城内的河道，保证杭州城内航运的畅通和下游诸县农田的灌溉。

第三，保证治湖经费，以加强平时的管理。如雍正年间治理西湖余下的银子五千两，后来在海宁购买一千一百亩田，除其中一百亩的田租收入供孤山圣因寺日常支出外，其余的田租都用来专供西湖日常疏浚费用，并规定不许挪用，“如违，察出重究”。如此，就使西湖的日常维护有了经费上的保证，不致荒怠。

第八章　近现代对西湖的疏浚工作

一、民国时期西湖治理情况

1911年辛亥革命以后，清王朝被推翻，延续了千年的帝制宣告终结。民国二年，杭州开始拆除旧旗营城墙，打破西湖湖滨一带的封禁，并把它开辟成新市场。这样，阻隔杭州城区与西湖的城墙逐渐被拆除，从此形成了城市与西湖紧密相依的格局。

1917年，西湖浚湖局改名西湖工程局，归浙江省政府管辖，并开始用新式机器船从事西湖的疏浚。

自清朝同治以后，由于世事纷乱，西湖长期懈于疏浚。到了民国初年，湖水淤浅，荒草丛生，里湖一带全是芦苇，外湖行船需用竹竿标出航道才能通行，船工称之"打竿儿"。如遇大风，游船误入淤地，就会"打浅滩儿"，进退两难。由于众多溪涧泥沙的淤积，加上周边农民和权势豪家的侵占，从清初以后，杨公堤以西已尽为桑田。抗日战争胜利后，民国浙江省政府决定建设西湖环湖马路。其中的西山路部分，除绕丁家山一段外，南、北两段都是在原杨公堤上建造，杨公堤的名字也被改掉，成为了西山路。

1927年，杭州市设立工务局。1928年，西湖工程局裁撤，疏浚西湖事宜改由杭州市政府工务局负责，常年设专职浚湖工人30名，机器挖泥船2条，捞草船2只，小船18只，每日约可挖湖泥、捞水草各110立方米。但是因为湖面广而人手少，因此疏浚的程度有限，只能维持现状，防止继续淤塞。

当时，正是筹备首届西湖博览会期间，西湖的疏浚、整治，事关杭州的形象，因此在一定程度上得到了重视和投入。但即便是这样，疏浚的范围和深度仍然很有限，只能遏制和拖延西湖水域淤塞的加剧，而无法做进一步的改善，事实上，即使是维持现状也勉为其难。西湖博览会以后，更由于时局多变、社会动荡不安、财政支绌而时浚时辍，西湖的淤塞情况，变得越来越严重了。

抗日战争杭州沦陷期间，敌伪杭州市政府设立西湖名胜管理处，主持西湖园林的保护、修理及导游事宜。1932 年 12 月，日军占领杭州，此后西湖游客稀少，民生艰困，市民只能上山砍柴挖根烧饭，西湖四周群山因之几成秃顶，水土大量流失，西湖更日显淤塞。

1936 起，在民国市政府征工服役工事中，列入疏浚西湖工程。1938 年成立浚湖队，专事负责西湖捞草、清秽工作。当时其中的一艘机器挖泥船已沉入湖底不能使用，因此仅有一艘挖泥机船，只在外湖南部湖身壅塞最严重处进行局部疏浚。

抗战胜利后，百业凋敝，由于疏于清理，西湖淤浅也更为严重。到了 20 世纪 40 年代中、后期，湖水平均深度只有 0.6 米，游船过后会泛起阵阵泥浆。苏、白两堤上的桥梁大都已经损坏，堤基塌陷，一遇汛期，湖水漫至堤上，桃树、柳树如陷泽国。当时花港观鱼只剩 3 亩，残花败柳，一片荒凉。西湖水域的维持，专用大小船只不过 30 只，专职疏浚员工不过数十人，西湖的日常疏浚，已无以为继了。根据当时杭州市政当局的报告记载，从 1945 年至 1949 年 3 月，杭州市政府工务局仅挖泥 10232 立方米，割除湖中残荷水草累计 3320 亩，清除积污水草 39623 吨。

二、新中国成立后三次大规模西湖疏浚

由于长期得不到有效的治理，到 1949 年前后，西湖的淤泥积塞程度已经比较严重了。1949 年 5 月杭州解放时，西湖及其周边的情况是：湖床增高，湖水平均深度只有 0.55 米，蓄水量仅三百余万立方米。湖底水草遍生，淤泥翻腾，大型游船只能循着几条固定的航道行驶，不

能畅行游览。特别是湖的西南部大多已成了洼塘沼泽之地,杂草丛生,蚊蚋孳聚,一片荒芜。环湖曾经林木参天的群山到处是荒山秃岭,各个名胜古迹和园林绿化败落,一片萧瑟,对游客开放的名胜景点仅剩下了十多处。到 20 世纪 50 年代,西湖的面积缩小为九千二百余亩。随着西湖水面的缩小,西湖西部山水间的过渡带成为农田、水荡和荒地,有的成为人们居住和发展用地,自然景观和生态环境受到了严重破坏。

在近现代,西湖作为城市居民生活用水的功能已基本消失,也已不再是下游农田的灌溉水源,但作为一个位处市区的历史悠久的著名风景名胜湖泊,它的治理仍然受到极度的重视。新中国成立后,百废待兴,政府对于西湖也不遗余力地进行了多方面的治理工作,努力恢复其秀丽的湖光山色。从 20 世纪 50 年代以来,对西湖大规模的治理主要有三次。

1. 第一次大规模疏浚

第一次较大规模的疏浚是在 20 世纪 50 年代。

全国解放伊始,政府即在 1950 年把治理西湖作为杭州城市建设的项目之一,列入国家投资计划。1951 年,西湖疏浚整治被列为国家城市基本建设项目,杭州市人民政府并特设了疏浚西湖工程处,着手全面疏浚治理西湖。

这次疏浚从 1952 年开始。1952 年,杭州市政府采用了"以工代赈"[①]的方法,调集了的失业工人约八百人,组建起西湖疏浚施工队伍,开始有组织的西湖治理工作。这次治理,不再沿用历史上全靠人工挑挖的疏浚手段,而是采用了机械的链斗式挖泥船来挖掘湖泥。链斗式挖泥船是一种使用较早的老式挖泥船,它是利用一连串带有挖斗的斗链,借助导轮的带动,在斗桥上连续转动,使泥斗在水下挖泥并提升至水面以上,同时收放前、后、左、右所抛的锚缆,使船体前移或左右摆动来进行挖泥工作。这种挖泥船对土质的适应能力强,挖泥后水底比较

---

① 所谓以工代赈,是指政府投资建设基础设施工程,受赈济者参加工程建设获得劳务报酬,以此取代直接救济的一种扶持政策。

平整;但在进行作业时,所占水域面积甚大,而且施工过程中需要拖船、泥驳等辅助船舶较多,同时作业时噪音很大。

疏浚工作从小南湖开始,具体疏浚时,首先用一艘链斗式挖泥船在湖中开挖,挖出的淤泥再由人工挑运,运送到南屏山麓今天的太子湾公园一带堆放。机械的链斗式挖泥船的挖泥速度显然非人力可比。由于挖泥船出泥很快,人工挑泥跟不上出泥的速度,虽然工人人数众多,后来又在堆泥区架设了建议铁轨,并且又采用人力翻斗车来推运湖泥,但还是赶不上挖泥船的速度,造成挖泥和运泥两大环节不能协调配合,因此在工程的初期,疏浚的进度很慢。为了解决这一问题,后来在上海江南造船厂和上海航道疏浚公司等企业的支援下,专门添置了一艘卸泥船和其他的一些设备,以跟上挖泥船的速度,加快了疏浚的步伐。到1954年,又增添了2艘链斗式挖泥船,同时配备8条运泥铁驳船、2条拖轮和吸泥船,以及抛锚船、煤水供应船等一系列辅助船只。如此,挖泥、运泥、排泥全部实现机械化操作,“实现了挖泥船挖泥——泥驳运泥——拖轮拖带泥驳到近岸停泊的吹泥船旁——将淤泥加水成为泥浆后吹送——经输泥管道排入堆土区的全程机械化操作”[①],基本结束了千年以来纯人工疏浚西湖的历史。

就在这次大规模疏浚进行期间,1955年秋冬,杭州长时期连续干旱无雨。久旱之后,湖水干涸,湖底淤泥龟裂。特别是岳湖一带,由于西湖最大的补充水源之金沙涧首先进入岳湖,涧水挟带来大量的山泥,在入湖口附近逐渐沉降下来,导致岳湖的湖床比其他几个湖区高,因此湖水干涸、湖泥淤积的情况更严重。利用西湖湖底朝天、湖泥露出、人员可以直接下去挑湖泥的时机,1956年1月,杭州市人民政府组织动员郊区农民和城市居民共七千余人,参加疏浚西湖淤泥的义务劳动,先后共有四万多人次挖泥运土。

在向中央申请并落实经费后,1956年又增加一个挖泥船组,两船组同时疏浚,疏浚的速度成倍提高了。1958年,建国后第一次大规模

---

① 张建庭主编:《碧波盈盈——杭州西湖水域的综合保护与整治》,杭州出版社2003年版,61页。

的西湖治理顺利竣工。在这次大规模的疏浚过程中，政府共投入资金437.64万元，挖出淤泥719.11万立方米，在挖去沉积湖底多年的淤泥后，西湖湖水平均深度达到1.808米，最深处达到2.6米；全湖的蓄水量也由疏浚前的三百多万立方米，增加到1027.19万立方米，增加了两倍多。挖出的淤泥大多堆积在环湖周围，填平了昭庆寺周围、清波公园、学士桥、汪庄、张苍水墓地四周及花港观鱼、赤山埠、眠牛山、刘庄、卧龙桥、茅家埠、金沙港、环碧桥、岳湖西等环绕西湖的田荡、洼地共18处；另外，还征用、借用古荡堆土土地166公顷，用来堆放淤泥。挖出的石块、砖瓦、碎片等则堆填在苏堤及湖中三岛周围，用以加固湖岸。

挖出的湖泥配合园林建设，堆填环湖低地洼塘，扩建、新建了公园，增加了绿地面积。湖床加深，蓄水量增加，调节了周边的小气候，对改善西湖环境起到了较好的作用。在疏浚湖泊的同时，还开展了大规模的绿化造林运动，使荒山秃岭重新披上了绿装，西湖风景区内的主要景点也初步恢复了景观。

2. 第二次大规模疏浚

第一次大规模疏浚以后，西湖水域得以保持了比较好的水质和水位高度。但是，这次清淤，由于在生态环境认识上的局限，也存在着一定的缺陷。特别是湖底大量的淤泥被清挖殆尽，占塞湖面的大片葑草和其他过量生长的水生植物都被一并清除，导致西湖水体和生态系统的平衡受到一定的影响，使湖水的自净能力有所削弱。而自古以来生存在湖底淤泥中的一些古老的微生物，也会随着淤泥的挖净而面临灭绝的危险。另外，西湖上游溪流中夹带的泥沙入湖的问题也没有得到有效的解决，入湖水源中的泥沙长年累月地沉积在湖底，加之解放后，湖水上游和环湖地带的常住人口也逐渐增多，导致流入湖中的污水量也逐年增加，因此，数年以后，湖底的淤泥层又逐渐增厚，湖床也开始慢慢抬高，湖水深度又逐渐降到1.47米，沿湖岸许多地段的石塝也逐渐破损、坍塌，西湖面貌又逐渐变得残损了。于是，在1976年，政府将西湖治理工程列入国家建设计划，再次拨专款200万元，重设浚湖工程处，开始第二次大规模的疏浚西湖。

这次疏浚，计划再挖深 0.5 米，达到水深 2 米左右，除去离湖岸边沿 20 米左右疏挖成自然斜坡外，估计有土方 200 万立米。

1976 年制定下第二次疏浚西湖的计划后，就开始筹备工作，订购疏浚工程船只，选择堆土区域，计划在 1977 年开始投产疏挖，到 1980 年完成，平均每年出土 50 万立方米。1980 年工程完成后，仍保留疏浚设备，为今后经常性维护所需。

但是，当时刚刚结束长达 10 年的"文化大革命"，计划经济模式下种种束缚的惯性仍然存在。各种物资、设备十分紧缺，诸如疏浚湖泊所需的绞吸式挖泥船、接力泥泵、输泥钢管、拖轮等，都必须报请国家计划委员会和建设委员会等中央部门请求批准后才可能落实。在获得批准以后，还必须在船只、设备的生产厂家进行订制，然后制造完成交货后才能开工。因此直到 1977 年底，疏浚工程所必不可少的 5 台接力泥泵仍未到位，迫使疏浚工程延迟到 1978 年才正式开工。

在落实疏浚设备和物资的同时，新的西湖疏浚工程专业队伍也开始组建，成立了西湖疏浚工程处，具体负责对工程的管理。

从 1978—1982 年，第二次疏浚持续了 5 年时间。这次疏浚主要采用液压绞吸式挖泥船挖泥。绞吸式挖泥船是利用吸水管前端围绕吸水管装设旋转绞刀装置，将水底泥沙进行切割和搅动，再经吸泥管将绞起的泥沙物料，借助强大的泵力，输送到泥沙物料堆积场，整个挖泥、运泥、卸泥等工作过程可以一次性连续完成，是一种效率高、成本较低的挖泥船。而且，它船型不大，吃水浅，噪音小，维护保养简便，船只外形也比较美观。不过它的水上排泥浮管较长，施工期间有时可能会影响其他船只的行驶。

由于当时西湖沿岸都已绿化，环湖无处堆放淤泥，因此挖出的淤泥主要堆积在太子湾公园和黄龙饭店的洼地，把这两处都填平为止，直到因无泥浆堆场而停止。因此和第一次疏浚相比，这次疏浚的挖泥量不多，总共挖掘、清除淤泥为 18.84 万立方米。不过，虽然挖泥数量不多，但疏浚工程还是很快产生了效果，1980 年后，湖水深度又上升到 1.5 米以上。

3. 第三次大规模疏浚

1981 年 7 月,西湖浚湖工程处和西湖养鱼场合并,成立了杭州市西湖水域管理处,其职责是对西湖水域的水体、水生动植物、湖面卫生和绿化、沿湖设施和船只进行专业养护和科学管理,疏浚工程成为管理处的日常任务之一。

1982 年第二次大规模疏浚以后,对于西湖的治理,主要以日常的维护工作为主。从 1981 年到 1992 年,西湖水域管理处先后采用液压绞吸式挖泥船和液压反铲式挖泥船,对淤泥过厚或水质较差的岳湖、船埠头及船坞等处,进行局部性疏浚,共挖淤泥 23.06 万立方米。液压反铲式挖泥船是常用的内河疏浚机械,液压反向铲机组装在动力船上,挖掘顺利,挖取的淤泥呈自然状态,含水量低,浮泥在铲斗上举时大都漏去或在铲斗下挖时挤走,在挖掘中遇到垃圾都能装走,对于挖掘底泥是一种较好的机具。

由于西湖周围已经很难找到堆放湖中淤泥的场所,因此当时大规模的疏浚,很难找到合适的堆泥场所。基于这一实际情况,从 1985 年起,西湖疏浚被列为一项长年实施的常规工程。根据专家估算,西湖湖面因为降尘、垃圾、湖底藻类、动物尸体等形成的有机碎屑,积量后每年能产生 2.2 万立方米的淤泥。因此西湖水域管理处采用小型反铲式挖泥船、非自航泥驳辅以人工卸泥的方式,将每年的挖泥量控制在 2 万立方米左右,主要对各船码头和沿岸淤积严重的地块进行局部性疏浚,在一定程度上缓解了西湖水域局部湖面的淤积。

但在这一时期,西湖水域又出现了一个新的严重问题,即水质的劣化,也就是湖水的富营养化问题。从 20 世纪 50 年代后期到 90 年代末,尽管有关部门为西湖水质的改善,采取了环湖污染企业迁出或停产、游船动力的改造、疏浚底泥辅以合理养鱼、湖面清卫、环湖截污、驳岸、引水等重大措施,以及 1998 年 12 月 1 日起的禁磷措施,等等,虽然治理取得了很大的成效,但尚未能完全达到预期目标,西湖水质的好转进程十分缓慢,水质污染程度仍居高不下,湖泊总体上仍处于富营养化状态。在建国以前,西湖湖底虽浅,但湖水的透明度仍在 0.5 米以上,

清澈见底，但建国以后透明度就降到了0.3米，水质当然也不能和过去相比。北宋苏轼浚湖的时代，用湖水酿造官酒盛极一时，朝廷每年可得西湖酒税20万缗。而现在的湖水，哪里谈得上酿酒！因此，解决西湖的富营养化问题成了当务之急。

出现湖水的富营养化现象，原因是多方面的。在自然生态系统中，影响西湖流域生态环境的因素很多，诸如地表及地下径流的自然地理条件，地质环境污染，土壤地球化学特征，季风、降雨、气候等因素的周期性变化，水土自然风化和流失，以及西湖底泥的污染，等等；此外，在社会生态系统中，人类生产生活活动造成的气、液、固三废污染及其不规范的排放，等等，都会造成湖水的污染。

根据湖泊水域生态系统的生物化学转换过程，水环境专家认为西湖湖底淤泥的释磷是造成湖泊水体富营养化的重要原因。据对西湖湖底泥层的调查研究发现，西湖底泥的平均深度为0.5米左右，有明显的分层现象，可分为表层流动层、软泥层和硬泥层(底基层)三层。表层为流动和半流动的香灰泥，泥质较轻；软泥层不能流动，微粘，有可塑性；底基层有强粘性。上面两层淤泥的比重较小，沉积物的颗粒度比较细，因此沉降速度很慢。每当游船过处，在风浪和船只的频繁搅动下，湖底表层的轻质淤泥就不断泛起，久久不能恢复清澄，而蓄积在淤泥中的溶解态磷就会迅速释放，直接进入水体。

从国内外的治理经验来看，国外如日本的琵琶湖、霞浦湖，德国的莱茵河，英国的泰晤士河等；国内如北京的昆明湖，南京玄武湖，昆明滇池，湖南洞庭湖等，主要的治理对策均是疏浚开挖底泥，除去上层的浮层淤泥和软泥层，以有效地降低沉积物中氮磷等营养物质、重金属和有机物等污染物的含量。因此，要彻底解决西湖水体的富营养化问题，除了进行截污引水等环境综合治理外，关键措施是对湖底淤泥的疏浚。

在这样的情形下，杭州市政府决定实施第三次对西湖的大规模疏浚。

第三次疏浚从20世纪90年代开始。1991年，杭州市政府开始着手准备西湖底泥大规模疏浚方案，从1991年至1999年，前后历时8年，其间做了大量的调查研究，进行了多项测试，汲取了国内外众多成

功与失败的经验,对疏浚方式、淤泥处置及利用均作了大量的研究和对比,先后提出了十多套方案。

1998 年 11 月,西湖水域管理处与中国科学院东海研究站合作,通过类似“超声波”原理的机器,深入湖底探测,测出西湖湖底淤泥中流动层和软泥层的平均厚度约为 0.5 米,乘以当时的西湖面积,得知西湖淤泥的库容量为 267 万立方米。因此确定这次疏浚的深度应定在 0.5 米,疏挖的泥量为 267 万立方米,疏浚后的西湖平均水深至少要达到 2.15 米。

1999 年 3 月,杭州市园文局成立西湖疏浚工程指挥部,专职负责第三次疏浚工程的实施。1999 年 12 月,工程正式开始。这次疏浚工程的规模是:疏浚西湖底泥 267 万立方米,疏浚后西湖平均水深达到 2.15 米以上,水质基本达到国家景观水体 B 类标准。全部疏浚一次规划设计,前后两期实施,工程总投资控制在 2.35 亿元以内。

和历史上的历次西湖疏浚不同,建国以后第三次疏浚中最麻烦的问题,并非疏浚工程的具体实施以及资金来源问题,而是疏浚出来大量淤泥的堆放场所问题。

西湖历史上几十次大规模的疏浚,所挖掘的大量湖泥,大多被堆放在西湖周边地带,或者直接就堆成湖上的堤和岛,从而为西湖景观建设提供了空间。然而,到了现、当代,随着城市化的迅猛发展,促使城市湖泊周边的土地价格节节攀升,西湖周边再也不会像当年那样,可以很轻易地找到就近堆放湖泥的空隙地带了。因此这次大规模的疏浚,最主要的问题便是选定挖出淤泥的堆放地。在经过多次实地调查、分析研究以后,最终选择了江洋畈为这次疏浚的一期工程的淤泥堆放场地;而二期工程的淤泥堆放场地则选择在距离更远的滨江二号区块和四堡污水处理厂。

由此,从 1991 年起至 1999 年底,在前期大量准备工作的基础上,最终确定第三次疏浚的方案为:以吸式疏浚为主、铲斗式疏浚为辅,底泥用明敷管道送至堆泥场自然脱水干化的方式进行。全部工程分两期实施,一期工程于 1999 年 12 月动工,2000 年 9 月完成,历时 9 个月,对底泥的总疏浚量为 100 万立方米。在一期工程施工期间,二期工程

各项前期工作同步进行积极筹划。二期工程于2002年2月中旬开始，2003年4月结束，为时一年多，整个工程共疏浚西湖底泥340万立方米。

这次疏浚工程方案采用吸式疏浚为主，铲斗式疏浚为辅，底泥用明敷管道输送至堆泥场进行自然干化。淤泥堆放采用“先近后远、集中堆放、多点排放”相结合的方法。湖泥被绞吸起后，通过湖中浮管与沉管把底泥送至长桥边，然后从长桥沿玉皇山前路、人防通信隧道至江洋畈山谷；待江洋畈山谷堆满后，输泥管穿越浙赣铁路至滨江大道绿化带，沿绿化带至滨江二号区块和四堡污水处理厂，途径钱江三桥时预留排放口，以供三桥公园填土用。

一期工程采用海狸750型绞吸式挖泥船，疏浚范围为外湖的大部分湖区；二期工程采用海狸1200型环保绞吸式挖泥船，对剩余的其他湖区进行疏浚。底泥疏浚步骤分为湖中疏浚、淤泥输送、中途加压和淤泥堆放四部分。底泥进入蓄泥库后，形成自然沉积，库区内的沉清水域，在泥水基本分离后，上层清水通过溢流口溢出。

2003年，历时4年的西湖疏浚工程完成，共疏浚346.9万立方米，西湖平均水深由疏浚前的1.65米加深到2.27米，水体能见度明显提高，水体容量由934万立方米增至1429万立方米。[①] 湖水的自净能力相应增大，西湖水体的营养盐浓度由于大量淤泥去除而迅速下降，藻类数量也相应减少，西湖水质明显改善。

第三次疏浚工程，从方案的论证到确定、实施和竣工，历时达13年之久，不但继承了前两次疏浚的许多优良传统，而且有了许多创新和提高。这主要表现在论证周密、充分，理念和手段科学，施工的方式、工艺、设备及工程管理都达到了国内先进水平，有些在国际上也是一流的。

大规模的现代化疏浚，有着许多优势。疏浚的规模大，效果特别明显，往往能起到立竿见影的成效，有效地解决水体污染的问题。而且由于现代化疏浚设备的使用，既可以免除大量人力劳动的麻烦，也不会对

---

① 《西湖大规模疏浚工程完成》，《杭州年鉴2004年》。

西湖景观和游客游览产生影响。此外，在淤泥的处理上，更加科学合理，疏挖出来的淤泥进入蓄泥库自然沉积后，使泥水分离，上层的清水又可以返输回湖中，而淤泥经自然脱水晾干后，原来多年来沉积在湖底的草木种子竟然生根萌芽，自然长出了很多花草树木，如今的江洋畈山谷，已经辟建为一个新的生态公园，已于2010年国庆节局部试开放。

通过这次大规模底泥疏浚工程，有效地降低了湖底表层沉积物的营养物质含量，减轻了西湖的内负荷。在第三次大规模疏浚前后，杭州西湖水域管理处吴芝瑛等人分别对西湖不同区域测试点的水质情况作了分析调查研究，发现在这次大规模疏浚以后，西湖水体发生了一系列的变化。首先是沉积物中有机质含量和氮、磷含量的变化。经过疏浚，湖底各处表层沉积物中的有机质和氮含量均明显下降，但是磷含量的下降则在各个湖区中并不相同，特别是里西湖区块，下降不明显；而且尽管疏浚后一些湖区的磷含量大幅度下降，"但与国内其他城市的湖泊相比，西湖表层沉积物中磷的含量仍属较高水平"。不过，虽然磷含量的下降不够明显，但疏浚以后，西湖的水质还是有较大的改善，根据吴芝瑛等人的检测分析，"除总氮超过Ⅳ类水质指标外，其他指标均达到Ⅳ类水体的要求，水体透明度、悬浮物、高锰酸盐指数、生化需氧量、总氮、氨氮、硝酸盐氮、总磷、可溶性磷、叶绿素a等指标均有不同程度的改善。特别是亚硝酸盐氮和硝酸盐氮含量显著增加，表明水体中的有机物氧化分解、水体自净过程相当强烈"。①

由此可知，这次大规模的疏浚，有效地降低了西湖湖底表层沉积物的营养物质含量，减轻了西湖的内负荷。根据各项数据表明，疏浚后，西湖水体与富营养化相关的主要指标均有不同程度的改善，水体营养状况指数好转；西湖水体中的浮游植物现存量也明显减少。随着西湖水质的提高，清澈的西湖水经圣塘闸下泄至古新河，再至运河；另一支从涌金闸流入中河、东河后也注入运河，使市区内河水质形成良性循环，充分发挥"以水治水，一水多用"的功能。

但是，无可否认的是，这样大规模对西湖底泥彻底的疏浚，也存在

① 吴芝瑛等：《杭州西湖底泥疏浚工程的生态效应》，《湖泊科学》2008年第3期。

着一定的问题。由于采用用绞吸式疏挖，将湖底表面约0.5米厚度的泥层全部吸走，在吸走浮泥的同时，也把湖底的水生植物和底栖动物都一并吸挖走，破坏了水底的动植物平衡。同时湖水变深以后，在透明度较低的情况下，使得透射入湖底的光线变得微弱，沉水植物会因缺少光照而难以生存。事实上，早在第二次大规模疏浚以后，就有研究人员对疏浚给沉水植物造成的影响作了探讨，"根据我们对3个试验站水下光强度的测定，在水深0.5米处，其光强度为水面光强度的4.5%～9.9%；在水深1.2米处，其光强度不到水面光强度的1%；在水深1.4米的湖底，在阴天条件下，其光强度为零，就是在水面光强度为38330lx条件下，水底光强度也仅有水面光强度的0.52%，不能满足水生植物正常生长的需要。所以挖泥增加了水深，在湖水透明度很低的情况下，会给沉水植物的生长和分布带来不利影响"。①

当湖中的葑草被当做害草除得一点不剩后，西湖的水体生态系统就失去了平衡，引起藻类的恶性繁殖。如第一次大规模疏浚以后，西湖水就逐渐开始变绿。到1958年，由于红藻疯长，导致水体变红，一度成了"红湖"，直到后来引钱塘江水冲洗后情况才有所好转。可见，湖底的水生植物和底栖动物在净化西湖水质和保持生态平衡方面起着重要的作用，一概除去以后，反而会降低湖水的自净能力。

此外，西湖湖底还生存着大量的微生物，对西湖水质的净化，产生一定的积极作用。如经研究发现，其中的磁性细菌②对生存环境中的氮、磷等导致水质营养富集的主要成分，及多种污染性元素有明显的吸

① 陈洪达：《杭州西湖水生植被恢复的途径与水质净化问题》，《水生生物学期刊》1984年第2期。

② 磁性细菌一般自然分布于海底淤泥，或已演化为淡水河川的淤泥及某些矿土矿水之中，因该菌体内有磁性四氧化三铁颗粒而得名。国外许多由海湾演化而成的淡水湖泊，都有存在磁性细菌的报道，作为远古的使者，磁性细菌经历了生存环境从海水至淡水的演变。西湖在远古时属东海水系，后慢慢演化成淡水湖，西湖水质营养丰富，从理论上推断，有存在磁性细菌的先天及自然条件。杭州师范大学的解宇等人曾对西湖水域的多处淤泥标本进行"电磁诱导分离培养"，在外湖数处发现有少量磁性细菌存在，其相关论文《磁性细菌的电磁诱导分离及人工培养》发表于《杭州师范大学学报（医学版）》2007年第4期。

附作用①,表明磁性细菌对周围水质环境的净化也起到一定的作用。磁性细菌是一种古老的菌种,西湖中的磁性细菌,历经岁月变迁,繁衍至今。从磁性细菌的生态特点分析,因大多生宿于淤泥表层,清除淤泥时容易被一并清除。

古代西湖的治理,治淤主要采用手挖肩挑、就地筑堤的方法,因此,经过治理后,淤泥表层的磁性细菌等菌种仍然存留在原有的西湖水域范围内。解放后,逐渐以机械抓斗取代人力挖掘,在机械挖掘过程中,被抓起的淤泥从湖底升至水面时,由于上升过程中,上面湖水形成的冲击力,会有相当数量的淤泥又滑入湖水中,因此清淤后湖底仍有磁性细菌等原始菌群的存在及繁殖。然而,这次疏浚采用了绞吸式挖泥船,吸除淤泥非常彻底,使某些特定微生物种群大幅度减少甚至灭绝,原有的微生态平衡被破坏;自然,蚌、螺等水生动物及水草也在劫难逃。

此外,底泥疏浚对解决湖泊水体富营养化问题的效果至今仍存在很大争议,疏浚后所产生的环境效果有可能偏离人们的期望。如查看从1997年起浙江省环境状况公报和中国环境状况公报对杭州西湖水质的评价,在第三次大规模疏浚前后,西湖的水质情况大致如下:

1997年起浙江省环境状况公报对杭州西湖水质的评价:

1997年,Ⅴ类;

1998年,Ⅳ类;

1999年,Ⅳ类,明显富营养化,总氮、总磷指标偏高;

2000年,Ⅳ类,明显富营养化;

2001年,Ⅳ类。

2001年起中国环境状况公报对杭州西湖水质的评价:

2001年,Ⅳ类;

2002年,劣Ⅴ类;

2003年,Ⅳ类,中度富营养,主要污染指标为总磷、总氮;

---

① 任茂明等:《趋磁细菌对含重金属 Cr^{3+} 废水的吸附研究》,《昆明理工大学学报》(理工版)2004年第1期;舒浩华等:《趋磁性细菌——磁场处理含镍废水的研究》,《离子交换与吸附》2005年第4期;以及王艳红等:《趋磁性细菌吸附 Pb^{2+} 的研究》,《化学工程》2006年第6期。

2004 年，Ⅴ类，轻度富营养，主要污染指标为总磷、总氮；

2005 年，劣Ⅴ类，轻度富营养，主要污染指标为总氮；

2006 年，劣Ⅴ类，轻度富营养，主要污染指标为总氮；

2007 年，劣Ⅴ类，轻度富营养，主要污染指标为总氮、总磷；

2008 年，劣Ⅴ类，轻度富营养，主要污染指标为总氮、石油类；

2009 年，劣Ⅴ类，轻度富营养，主要污染指标为总氮、石油类。

由此可见，即使在大规模的疏浚以后，西湖湖水的富营养化程度还是没有明显的好转，有时甚至更进一步劣化，总氮和总磷的含量持续在较高的水平。这是因为疏浚虽然能够有效地削减沉积物中营养物、重金属和持久性有机物等污染物含量，但另一方面，疏浚过程中淤泥在水体中的移动也会引起污染物向水体释放。因此对于西湖的治理，应参照环境保护的相关原理，还需要多种方式同时参用，进行综合整治，以增加治理的效果。

第九章　西湖综合保护和整治工作

西湖作为一个城市内陆浅水湖泊，是自然环境中的一部分，它并非一个独立的个体存在，而是与周边环境有着千丝万缕的关系。一方面，它的补充水源受上游土壤环境和人为活动的污染问题，同时，它的泄水又对下游的周边地理产生较大的影响，因此湖泊并不是一个独立存在的自然体。特别到了近现代，各种自然、人文环境已经紧密联系在一起，成为一个错综复杂的环境综合体。因此，对于西湖的治理，也已不再仅仅是对湖底淤泥的清理以及湖泊本身的治理，而应扩大到污水截流、上游清源、引水入湖、环湖绿化等一系列多方面的综合治理。

新中国成立以来，经过几次大规模的疏浚，历史上一直困扰人们的西湖底泥淤积问题已得到了有效的解决。然而，淤积问题解决后，湖水的富营养化现象又成为影响西湖环境最大的问题。西湖位于杭州市区，这是一个千余年来久经高度开放的地区，人口密集，工农业、商业发达，这成为西湖湖水富营养化的一个宏观背景。水质富营养化是一个世界性的治理难题。所谓富营养化，是指大量进入湖泊、河口、海湾等缓流水体的氮、磷等营养物质，引起藻类及其他浮游生物迅速繁殖，水体溶解氧下降，水色浑浊，水质恶化的现象。它会导致水体的透明度下降，影响水体的生态环境，并最终影响湖泊的继续生存。西湖的地理特征为三面环山一面城，这种相对比较封闭的地理环境，使各种污染容易蓄积起来，不易发散，特别容易发生富营养化现象。因此，西湖的治理，历来是一个需要持续不断进行的工程。

不过在我国古代，长期以来以农耕生产为主，排污不多，相对来说对环境的污染较少，因此即使经常发生湖底淤积、湖水变浅的现象，但

水体也能常年保持清澈,湖底水草、游鱼,清晰可见。但是从民国时期开始,随着社会的发展,西湖临近市区的东南部,人烟开始日益稠密,旅馆、饭店、住宅、别墅相继兴建,沿湖所有的生活污水都未加处理,直接排入西湖。湖滨三公园、一公园码头和涌金门沿湖一带,常年作为居民生活的洗涮场所,这一现象一直延续至 20 世纪 50 年代初,日久天长,使附近的水质变得混浊灰暗。即使在 1931 杭州自来水厂建立并开始供水,沿湖的旅馆、饭店、别墅不再饮用西湖水,但环湖众多居民仍以西湖为洗涤用水之主要水源。

与此同时,环湖地带还发展了很多工业企业,同时又在西湖西南部丘陵地带,新建了十多座休养院、疗养院,这些工业企业的工业废水以及疗养机构、环湖宾馆所产生的大量的生活污水直接排入湖内,更是雪上加霜,加剧了西湖水体的污染程度。

由于多年没有对西湖水质问题引起足够的重视,各种保护措施不力,西湖的水质逐年下降,湖中水草丛生,水体自净能力较低,水质极不稳定。根据 1955 年的调查分析,湖水的透明度一般在 0.4 米以下,属于透明度非常低的湖泊。1958 年 5 月,由于红藻疯长,导致西湖湖水变红,除岳湖和小南湖外,大部分湖面变色发红,波及面积达五百余亩,占整个湖面的三分之二左右。对这一突然发生的现象,当时的解释是因为西湖第一次大规模疏浚后,湖中原有的水生物、植物被清除,使西湖水体生态系统失去平衡,底泥中的营养物质大量释放,引起藻类恶性繁殖所致。因此当时曾组织投放 5.5 万公斤螺蛳,几千公斤河蚌,局部湖面还试放明矾和硫酸铜,以抑制藻类繁殖。但由于湖面广、水体大,见效缓慢。后来在洪水季节,采取先排放发红的湖水,再蓄积雨水的方法处理,湖水才逐渐转变呈黄绿色。

根据有关记载,1978 年西湖水体透明度为 0.36 米,其中北里湖一带透明度最低,最低值仅 0.17 米,水体中含氮、磷元素升高,成为富营养化湖泊。1979 年春,由于行驶湖中柴油机船的污染,使湖面出现成片的油膜,又加上沿湖各单位燃烧锅炉飘落的炉灶烟尘,使沿湖滨一带水面,形成一条宽二十多米,长约二公里的黑带。当时采取了逐步用电瓶游船替代柴油机游船,加强管理沿湖锅炉,消烟除尘等措施,黑带现

象遂逐渐消失。

1981 年 3 月,由于水花束丝藻的泛滥,西湖水体局部由绿色变成棕红色,然后又变为褐色,出现西湖历史上从未有过的"黑水",并由局部逐渐扩展至整个外湖湖面。同时小南湖的西南岸、苏堤南端东侧一带湖面,漂浮起大片白色泡沫,堆聚不散,并发出藻类腥气。后来经杭州市政府和有关专家论证后,采取措施,利用赤山埠自来水厂取水设备,引进钱塘江水注入西湖,才使水体逐渐好转,由褐色变成暗黄绿色。然而,到了第二年的 4 月,湖中水花束丝藻又达到繁殖高峰,水体再次呈棕黑色,又扩大至整个西湖。自来水厂再次从钱塘江引水入湖,使湖水又恢复到黄绿色。

1982、1983 年,西湖又数度出现"赤潮"、"黑潮"现象,淤积严重,平均水深降至 0.55 米,蓄水量降至 307 万立方米,透明度小于 0.25 米,水体发腥发臭,呈现非常明显的富营养化特征,使西湖的景观受到极大破坏。

造成西湖水质出现富营养化现象的原因是多方面的,总结起来,大概可分成两大类:一是湖体内部自身的污染,主要是湖底淤泥自身释放出来的一些有机物质的污染。二是来自于外部的污染,譬如化肥使用的残留和人类生产生活的污水污染了上游溪涧;环湖工业、生活、园林污水的排放入湖;落叶、降尘、游客游玩时产生的垃圾等湖面污染。因此对西湖的综合治理,包括对外部污染源的治理和内部污染的治理两个方面。对外部污染的治理,主要包括环湖截污,防止工业、生活、农田、园林污水径流入湖,引水入湖,打捞湖面垃圾,改用直流电机游船以防止船油污染等方面。对内部污染源的治理,则主要包括底泥疏浚、湖中植物、藻类等的调整、鱼类的养殖等方面。

针对西湖水域屡屡遭到污染危害的严峻局面,单纯的湖泥疏浚,已不能从根本上解决问题,必须进行全方位的综合性的治理,从源头、周边环境、引水、泄水、绿化等各个环节进行全面的整治,才能使西湖的环境和水质有较大的起色。从 1981 年成立杭州市西湖水域管理处后,西湖水域的综合保护和整治,全面进入了现代化、系统化、科学化的依法行政的新阶段。事实上,在第二次大规模疏浚以后,西湖的治理就已不

单局限于对湖底淤泥的清理，而转变为底泥疏浚、上流清源、污水截流、引水入湖、环湖绿化、湖岸护墈等多方面综合性的治理。西湖的治理，已经演化为一个全方面进行的综合整治过程。

一、环湖截污

千百年来，西湖是杭州城乡人民饮用与农田灌溉的主要水源，同时也是一个著名的风景旅游湖泊，因此历朝历代以来，在疏浚西湖的同时，人们都非常重视西湖的污染防治。在古时候，人们已经意识到，保护西湖水质，必须截遏污染源对湖水的侵害，为此采取了不少的措施。如历代官方颁布的禁止“秽污湖水”的公告就常常见诸史籍记载。

南宋乾道五年(1169)，临安知府周淙在整治西湖时，就下令禁止向西湖和城内河道抛弃粪土、垃圾，禁止在西湖中浣衣洗马，以免秽污湖水，违者严惩。一百年后的咸淳年间(1265—1274)，内臣陈敏贤、刘公正占据湖边的水池，濯秽洗马，盖造屋宇，无所不施，经御史鲍度弹劾，也终于将其罢黜官职。而咸淳六年(1270)临安知府潜说友令人设置的澄水闸，就发挥着逢暴雨时阻截山水“泥滓侵浊西湖”的功能。

到了当代，对于湖水污染的防治，当然是更为急迫的问题。早在1979年，杭州市园林管理局就与杭州市革命委员会环境保护办公室一起，对西湖流域27平方公里范围进行了调查，查出西湖流域范围内共有休养所、疗养院、旅馆、招待所、菜馆、机关、学校、医院、工厂、商店等126个单位，常住人口三万多人，每天排放污水近万吨，其中四千多吨直接排入西湖。此外，又有农田施放的有机磷农药和氮肥等，除植物吸收和自然降解外，也随雨水流入西湖。这些生活、工业污水及农药化肥，影响西湖水质，成为西湖主要污染源。

从1975年开始，杭州市园林文物管理局与杭州市环保、城建部门就采取了一系列措施，以杜绝对湖水的进一步污染，试图改善西湖的水质。

首先是加强对污染源的管理，限期搬迁对西湖产生较严重污染的工厂单位与沿湖住宅，同时检查、督促沿湖单位把污水纳入环湖埋设之

污水截流管道。从1980年至1985年,从西湖风景名胜区中共迁出或停产工业企业29家,基本消除了西湖周边的工业废水污染。同时全面整修湖塝,取消了部分埠头,禁止沿湖居民在西湖洗衣、淘米、游泳、倾倒垃圾。

其次是建设环湖截污管道。西湖环湖污水截流工程于1978年开始筹建,1981年建成并发挥效益,总投资人民币一百五十余万元,由国家列入环境保护建设计划拨款兴建。到1992年,在环湖地带的地下埋设截断污水管道,分南、西、北三线,总长度达17公里,同时配套建设污水泵站十余座。南线自净慈寺前的万工池北开始,经长桥、清波门、涌金门,接入浣纱河下水道,全长3295米,沿线设净慈寺、长桥、清波3座污水泵站。西线自花港观鱼开始,经丁家山、卧龙桥,接入曙光路污水泵站,全长3225米,沿线设花港观鱼、丁家山、卧龙桥3座污水泵站。北线分为3条:一条从石莲亭117医院开始,经洪春桥接入曙光路水泵站;一条从北山路新新饭站开始,有葛岭污水泵站;一条自孤山平湖秋月开始,有楼外楼菜馆污水泵站。后两条污水管道都在西泠桥北面汇合,后经杭州香格里拉饭店、岳庙,接入曙光路污水泵站。三条污水管道的污水,最终全在曙光路污水泵站汇合,导入当时的杭州大学(今浙大西溪校区)污水总管泵站,合计总长度为7100米。湖滨路一带污水,分别排入浣纱河下水道。

此外,与环湖污水截流配套者,先后有玉皇山麓海军疗养院、中国丝绸博物馆至长桥污水泵站支线;花家山宾馆至花港污水泵站支线;三台山工人疗养院至卧龙桥污水管道支线;里东山弄住宅区至曙光路污水管道支线;栖霞岭住宅区岳坟污水管道支线;汪庄污水泵站至净慈寺泵站支线;刘庄污水泵站至丁家山泵站支线。8条污水支线构成西湖流域至下水道系统,扩大西湖污水截流范围。

在布设截污管道的同时,规定凡产生污水的任何单位,都必须将污水直接排入截污管道排放,不得排入西湖中。如此,沿湖各单位排出的废水都纳入总排污管道,不再流入西湖。通过以上措施,湖水的透明度有了一定的提高,藻类数量也有所减少,西湖水质得到了一定的改善。

1994年8月,杭州市规划局和市规划设计院会同市环保局、市园

文局、市政设施管理处联合编制完成了《西湖流域范围截污工程规划》，再次对西湖流域截污范围 10.78 平方公里内的污染源和排污量进行了全面调查和预测，提出了西湖流域截污工程规划方案和措施，对改善西湖水质与风景区环境起到了重要作用。与此同时，西湖水质综合保护与治理的多项科研和交流也有条不紊地扎实展开，并不断取得成果。

二、上游清源

结合环湖截污工程，相关部门同时又进行了对湖水上游溪涧的清源工作。湖水的补给水源，是直接影响湖水质量的重要因素，因此在治理湖体污染的同时，有必要对上游溪涧进行清源工作，即对流入西湖的几条天然溪流进行疏通和清理，改善沿溪的生态环境，确保湖水源头的溪流水质。

西湖水域的天然水源除常年降水外，主要的补充水源是上游的四条溪流，包括长桥溪、赤山涧、龙泓涧和金沙涧。1950 年后，西湖山区大面积封山，植树造林，使水土流失现象得到改善，有利于西湖水源的净化。但是由于历史的原因，上游的几条溪流，尤其是长桥溪，是入湖污染最严重的溪流，[①]它的上游分两支，分别流经玉皇山和阔石板农居点，流域内居民区和林田地混杂，周围环境复杂，居民较多。玉皇山路旁的十多家餐饮店任由油污、泔水渗流到溪流里，导致溪水因生活污水等的排放而长期受到污染，其流入西湖的水常年为地表水劣Ⅴ类水质，对西湖水质的影响很大。另外，四条入湖溪流的上游均有多个厕所、粪缸、垃圾箱、畜牧点、钓鱼塘等，每逢雨季，大量营养物质随雨水流入西湖，造成水质严重富营养化。

多年来，西湖上游地带景点、居住点混杂在一起，既有自然村落，又有部队和其他企事业单位，管理关系混乱，综合整治规划滞后，基础设施不到位、不配套，加以近年来外来人口一直有增无减，造成了溪流两

---

① 陆莹：《入湖溪流对西湖富营养化的影响调查》，《环境监测管理与技术》2000 年第 12 期（增刊）。

岸10米距离内污染源点多、面广、量大的严峻局面。

1999年,从长桥溪直排西湖的污水量为19.56万吨,比1991年增加1.97万吨。据杭州市园文局2002年的调查,西湖流域长桥溪、赤山溪、龙泓涧和金沙涧的年排污总量已达到256万吨左右,已成为污染西湖水体的主要源头。沿溪而建的厕所、粪池以及附近常住人口的生活垃圾,甚而还有饲养40头猪的养猪场,都时时危害着西湖水质和西湖游览环境。因此,防止、减轻和控制人类活动对西湖水域环境的污染危害,特别是从源头的环境保护和整治入手,就成了改善西湖水体水质的关键之所在。

2000年4月,杭州成立了西湖水域整治领导小组,由杭州市园文局牵头,市环保、市容环卫、市政、市土地管理和西湖区人民政府等部门参加,展开了对西湖上游四条溪流的统一整治,先后拆除溪流两侧违法建筑和点污染源,及时清理了垃圾、废物,并采取了一系列相应的整治和环保措施。

在2003年展开的西湖湖西综合保护工程中,西湖上游的赤山溪、龙泓涧和金沙涧流域环境都曾进行过整治,大部分居民的生活污水都纳入了市政污水管道。而由于长桥溪的污染最为严重,又由于其流域的地形特点和居民分布的复杂性,因此杭州市政府为改善长桥溪流域的水质状况,专门于2004年6～12月实施了长桥溪水生态修复工程,对该流域进行综合整治。

长桥溪的生态修复工程主要是建立长桥溪生态公园,先将流域内的污水收集起来,然后汇入地埋式的污水处理系统进行净化处理,经净化过的出水流入园区南端的初级人工湿地,再经多级跌水,使水更具活力,再通过暗管接入公园北端的二级人工湿地,最后汇入西湖。如此,通过物理、化学、生物、生态等手段,净化了长桥溪流域的居民生活污水,拦截了污染物质流入西湖,同时增加了水体中的溶解氧,大大提高了水体的活力,从而为生物的生长、代谢以及污染物的降解提供了更为有利的环境,将曾经污染严重的长桥溪流域建成了风景如画的长桥溪

生态公园。①

经过一系列的治理，西湖环湖以及上游的污染点已经很少了，农居点的生活污水都纳入了市政污水管网，这样，农业用的化肥农药对溪流的污染问题就显得日益突出了。而这种农业面源的污染，主要来自龙井茶区的化肥农药污染。

西湖周边的群山，是驰名中外的龙井茶产地，因此西湖边低一点的山上种的大多是茶树。根据当地茶农的介绍，龙井茶一般一年施两次肥，冬天施菜籽饼，春天采了茶后施化肥。每当春天新茶采了以后，为了马上能长出新的茶叶来，农户都用化肥来催生茶叶。而为了防止虫害，龙井茶还需要喷洒一些农药。这些施用的化肥和农药，在雨天的时候，经雨水的冲刷，很多被冲到溪流里，然后通过溪流流入西湖。化肥中含有大量的磷和氮，农药中含有大量的磷，因此在经过各种治理以后，西湖水中氮和磷的含量还是很高，多次被被评为劣Ⅴ类，很重要的一个原因就在于农业面源的污染。针对茶园施肥和农药产生的影响，政府采取的主要措施就是加强对基地化肥、农药使用、土壤、水质的检测和分析，鼓励和帮助茶农、茶叶生产企业尽量少用化肥和农药，这既是为了保护西湖水源的需要，也是对龙井茶自身质量和声誉的一种保证。

经过这一系列治理，上游径流中的主要污染源逐个取消，因此非点源污染就成为径流污染的重要因素。污染物的发生源通常可分为点源和非点源两类。点源污染指有固定排放点的污染源，如工业废水及城市生活污水，由排放口集中汇入江河湖泊等水体。非点源污染相对点源污染而言，是指大气、地面和土壤中溶解的和固体的污染物，从非特定的地点，在降水或融雪的冲刷作用下，进入江河、湖泊、水库和海洋等水体而造成的水环境污染，在非点源污染中，污染物是以广域的、分散的、微量的形式进入地表及地下水体，表现为污染发生的随机性、机理过程的复杂性、排放途径及排放污染物的不确定性、污染负荷的时空差异性以及模拟监测与控制的困难性，等等。而具体表现在西湖流域中，

① 吴芝瑛、陈鋆：《小流域水污染治理示范工程——杭州长桥溪的生态修复》，《湖泊科学》2008年第1期。

则是来自暴雨和梅雨对富磷表土的侵蚀及表土中磷的淋溶后在土壤中侧流和渗流进入径流，最后汇入西湖。

西湖流域的土壤主要是粉砂土，其特性决定了表土的持磷性较差，林地表层下面是硬层，在大雨和暴雨等水文条件下，雨水在硬表层上的集积速度大于其下渗速度，导致雨水易在地表形成径流并挟带磷进入小溪，汇入西湖水体。同时在高温高湿的梅雨季节，有大量新鲜落叶覆盖的表土处于还原性状态，而处于还原状态的富含有机质的表土中的磷是极易流失的。

与母土相比，西湖流域各类土壤表土均出现了不同程度的富磷化倾向，但导致各类土壤磷富集的机制有所不同。对于菜地，流域内的居民有用人粪尿浇灌蔬菜和施用垃圾堆肥的习惯，因此，在各类土壤中，菜地土壤的总磷含量最高；由于施肥和茶树的枯枝落叶中的磷在地表层中积累，因此茶园表土也含有较高的磷含量；而占流域面积70%以上的林地表土富含磷，则是由于森林植被对深层土壤中磷的吸收并以落叶的形式在表土富集的结果。由于林地所占面积比例大，成为雨后径流中磷的主要来源。

作为径流磷污染治理对策，首先是建立河岸绿色保护带。雨水进入地表后，如果降雨量较小，雨水全被土壤吸着，降雨对径流磷的浓度无影响；但如果降雨量较大，大到能形成地表径流的条件下，河岸绿色保护带的建立将有助于阻止地表径流水中泥沙。由于入湖径流水中的磷主要是颗粒态磷，因此，降低泥沙的输入量将大大地降低入湖水的磷含量。另外，河岸绿色保护带也将优化整个西湖流域环境，提升西湖的整体形象。

除了建立河岸绿色保护带以外，选择合适的生态系统，也是一项比较可行的治理对策。森林生态系统具有保持水土、涵养水源等作用，延长了雨水与森林土壤的相互作用时间，降低了地表径流量，同时也降低了浅层地下水的渗出量，因此，有利于减少总磷的输出。表面具有青苔覆盖的林地土壤，无论是总磷输出还是水溶性磷的输出均是最小的。因此，在西湖上游建立森林生态系统，既是环境绿化的需要，也可以很好地保护西湖的水源，免遭更多的环境污染。

三、引水工程

西湖是一个典型的封闭型浅水湖,补充水源主要靠天然降雨与山间积蓄的泉水,因此来水受降水影响较大。而杭州不仅一年内降水量的分配极不均匀,而且每年的降水量差别也很大;加上西湖湖体的容积很小,自身几乎无调节能力,因此水量交换主要集中在洪水季节,到了旱季则几乎无水量交换,特别是伏旱期间,连续干旱无雨,蒸发量大,沿湖用水量剧增,水位持续下降,蓄水量减少,特别容易引起氮、磷等营养元素的浓度升高。同时因水温适宜,藻类生长十分迅速,极易造成湖水水质恶化。

西湖的流域面积也较小,只有二十多平方公里,平均年径流总量约为1400万立方米,与西湖总蓄水量大致持平。由于天然水源明显不足,使西湖不仅易涝易旱,以致在历史上曾多次发生干涸和涝灾,同时还使水体更新不良,营养元素外泄缓慢,自净能力低下。

随着人类活动的增加,西湖日益面临着淤浅和污染的威胁。前人整治西湖,主要采取筑高湖堤(如唐代白居易的筑堤)、疏挖淤泥(自北宋苏轼以下,历代的各次疏浚)来保持和增加蓄水量,同时兼及风景园林的建设。南宋以后,西湖作为游览水体的功能明显增强,就要求西湖水域必须长年显现清澈、盈满和平静。因此,净化水质、维持水位的要求始终至关重要。

可是,自20世纪50年代末以来,由于入湖的几条溪流流经的多为人口密集的居住区或工业区,沿岸生产、生活污水的排入和旅游垃圾的影响,给西湖水质带来负面的影响。另一方面,西湖水体交换率低,水体深度也较低,流动性差,稀释扩散、自净能力低,虽然采取了底泥疏浚、环湖截流、上游清源、污水治理等一系列措施,水环境形势仍十分严峻,各项水质指标如透明度、总氮、总磷等仍达不到要求,并有进一步恶化的趋势。西湖成了富营养化的湖泊,湖水中以水花束丝藻为主的藻类出现疯长,湖水水体的总氮、总磷含量居高不下,甚至一度出现变红、变黑的现象。因此,改善西湖的水质成为西湖综合治理中占绝对重要

地位的问题。

赋予西湖水质清澄巨大活力的是钱塘江引水工程。引水入湖的举措,早在南宋时就已施行过。南宋淳祐年间,知府赵与篡就曾在西湖的望湖亭下开凿过一渠,沟通了西湖和余杭塘河,引天目山水(南苕溪)进入西湖,以补充湖水量的不足。

钱塘江与西湖在地理上属于两个不同的水系,但钱塘江自古以来就与杭州居民的生活及西湖动植物生态有着不可分割的关系。早在1981和1982年,西湖水体由于藻类爆发性繁殖而变成棕红色时,就曾参照广西桂林引进漓江清水改善桂湖、榕湖水质的成功经验,从钱塘江引水两千多万吨(相当于当时两个西湖的最大蓄水量)作为引水试验。此后经检测,湖水水色好转、藻腥气消除;湖水中所含的总氮、总磷也降低了,透明度增加了0.2米,而且西湖中的自然水生物、人工养殖的荷花和水草等,也都未受不良影响。到1984年,在未引水的情况下,西湖水体的总氮、总磷又明显提高,藻类增加,透明度下降了0.11米。实验中出现的正反两方面的现象和获得的分析结果,证实了西湖引水对改善水质的必要性。

1982年9月,国家城乡建设环境保护部领导,亲自带领有关人员来杭州实地了解、查看从钱塘江引水入西湖的引水工程。当年10月,审查同意经过杭州市三年科学研究的《杭州市自钱塘江向西湖引水工程可行性研究》及《计划任务书》,并列入国家环保经费投资项目。以后又经过一年多工程设计论证,西湖引水工程最终于1985年2月1日正式动工,1986年7月18日竣工通水,历时20个月,总投资人民币1169万元。

引水工程从钱塘江闸口段江边取水,在闸口新建取水泵一座,配备装机容量720千瓦的取水泵与水质监察室,日取水能力为30万立方米,相当于西湖总贮水量的1/33。输水管线全长3194.5米(其中钢管342.8米,钢筋混凝土管826米,隧洞1605米,明渠420.7米),从闸口小桥外街江边开始,经复兴街、铁路货运站、鱼塘、浙赣铁路、南山公墓,穿越玉皇山、九曜山,流入太子湾公园明渠,在花港公园南大门旁注入西湖的小南湖。

输水线分三段:前段为输水管道,南起闸口小桥外街,穿越原复兴街、养鱼塘、浙赣铁路、南山陵园,全长1168.8米;中段是输水隧洞,先后穿过玉皇山、南屏山和九曜山山体,全长1605米;后段是太子湾公园明渠,长420.7米。最后在花港公园南大门旁,注入小南湖。一部分经苏堤映波桥直接进入外湖,另一部分沿花港公园明渠先到里西湖,再从苏堤锁澜桥、望山桥、压堤桥汇入外湖,成为净化湖水的生力军。引水入湖后,不仅保证了西湖游览水系的水位稳定在黄海标高7.2米左右,而且改变了西湖完全依赖天然补给水源的历史,使西湖的水质有了明显的改善。

引水工程的建成,使西湖水位可以进行人工控制,管理部门可以根据西湖蒸发量和用水及水质的情况及时予以补水或换水,控制藻类的生长,防止水质因藻类的疯长而恶化。引水后,西湖水体的交换率大大提高,不仅有效地保持了西湖作为游览湖的水位,水质也得到明显改善。从太子湾入湖处的江水,6天内便扩散、稀释至西湖圣塘闸一带出水口;通水7天,可置换全湖水量的20%。经过测试,湖水水质有了明显改善,水体平均透明度提高了5—7厘米,影响水质的浮游生物在各湖区都有不同程度的减少,湖水中磷的含量下降了1/5左右,藻类总数也减少了1/6,西湖水质逐步好转。

西湖多年来营养元素收大于支,大量沉积于湖底淤泥中,成为最大的内污染源,时刻威胁着湖体的水质。引水使排水量大大增加,也使大量营养元素和有机耗氧物质被带走,稀释湖水,减少了营养元素的积累,对水质长远的改善起到重要的作用,同时也使总氮和总磷的升高趋势得到扭转。

另外,由于西湖湖区在市区范围内,常年气温较高,藻类繁殖非常迅速。而钱塘江水温一般比西湖水低3～8℃,引入的江水相对降低了湖水的水温,使藻类生长繁殖速度降低。同时因钱塘江中水生生物的含量较低,有利于提高湖水的透明度。

引水后还可以提高西湖底层水体的含氧量,减少底层因缺氧而引起营养盐分溶出的可能性。在氧化状态下,磷以正磷酸盐状态或螯合物状态存在,其物理性状呈固态,难以为生物利用。而在还原状态时,

磷酸盐则以低价态存在,螯合物结构被破坏,造成大量溶出。在通常情况下营养元素依靠水、泥界面氧化层的氧化作用,使营养盐分无法溶出,保证湖体水质不受底泥的影响。而一旦该氧化层因缺氧被破坏,底泥中营养元素的溶出就失去控制,必然导致水质的恶化。一般情况下底泥深处呈还原状态,营养元素以低价态存在,而低价态的营养元素在水中的溶解度很高,极易为生物所利用。引入的钱塘江水中生物含量较低,有机耗氧物的含量也大大低于西湖水体,而溶解氧的含量却较高,特别是经提水的搅动,溶解氧含量大大提高,有助于维持西湖底泥的氧化层,防止水质恶化。

西湖引水,从很大程度上保证了西湖的常年水位,缩短了湖水的滞留时间,增强了水体的自净能力,控制了西湖水体富营养化程度,对提高湖水透明度、降低总磷含量、抑制藻类孳长等方面发挥了重要作用。但是单纯的引水,营养元素浓度下降还是缓慢,富营养化问题未得到根本解决。根据浙江省水利厅水政资源处俞建军先生的观点,认为主要有以下的四个原因:①

一是引入的江水与湖水难以完全混合,降低了水质改善作用。由于西湖的形态特点,引入的江水与湖水难以完全均匀混合,造成换水作用的下降。另外,引水冲污对西湖水质的改善仅局限于引水的进水口附近,即小南湖湖区,对其他湖区水质的改善并不明显。由于只有小南湖一个进水口和圣塘闸一个出水口,引入水体从小南湖进入,主要经外湖从圣塘闸流出,而很难到达其他湖区。特别是由于湖中有白堤、苏堤的阻挡,使岳湖和北里湖成了换水的"盲区",大大降低了引水工程对西湖水质的改善作用,使引水工程的效能难以充分发挥。

为解决引水不能到达北里湖和岳湖的问题,有关部门在 1994 年封堵了断桥和锦带桥的桥孔,并在断桥附近布设了涵管,直接从北里湖向外排水,使北里湖的水质得到一定程度的改善。但岳湖由于没有排水口,仍无法得益于引水工程。

二是截污工作不够彻底,影响了水质的改善。在引水工程实施前,

---

① 俞建军:《引水对西湖水质改善作用的回顾》,《水资源保护》1998 年第 2 期。

曾在西湖周围埋设了9公里的截污管道，使约72%的污水进入了污水管道，但仍有28%的污水直接流入湖体。再加上流域内人口的增长和旅游业的发展，污染源数量和污水量都有所增加，使西湖水质改善的效果不十分明显。

三是钱塘江原水中总磷的浓度就较高。钱塘江水虽然比西湖水的水质较好，但根据有关监测，钱塘江水自身的总磷平均浓度就较高，而且钱塘江水水质也从10年前的Ⅰ、Ⅱ类，下降到Ⅱ、Ⅲ类，这也从客观上降低了引水工程的效果。

第四则是江道的变迁，使引水条件恶化。近年来由于钱塘江水质自身受潮汐和上游环境变化的影响比较大，以及自身污染的影响，使得西湖引水的时间和水质难以得到保证，一年中能供西湖引水的时间越来越少。同时因钱塘江江道变迁，潮涌增大，水质不稳定，引水变得更加困难。据西湖引水工程可行性研究报告分析，引水工程全年可引水时间为240天左右，而由于江道变迁，目前可引水天数已下降到了100天左右。特别是伏旱期间，钱塘江上游来水量减少、涌潮加大的问题更加突出，大大降低了引水工程的作用。

由于受以上因素的影响，加之出入水口布局欠周、环湖截污不彻底和湖西城市化倾向严重等因素，西湖水域内仍存在水质污染情况，甚至有一段时间出现了劣Ⅴ类水质。据《2002年杭州市环境状况公报》指出："西湖湖区水质总体保持稳定，高锰酸盐指数、总磷等多项指标达到Ⅳ类水质标准，但湖区总氮、叶绿素a超标较重，仍处于富营养状态。四条入湖溪流水质均为劣Ⅴ类，水质指标升降互现。总氮、粪大肠菌群等指标超标严重。虽然经过底泥疏浚、环湖截污、引配水和其他一系列综合整治措施，延缓了湖水富营养化的进程，西湖水质仍未见明显好转的趋势。"

为彻底改善西湖水质，在2003年杭州市启动的西湖综合保护工程中，又开始实施新一轮的西湖引水工程。在钱塘江边新设一个白塔岭泵站，同时对原有的引水泵站设备进行了改造，进一步加大对西湖的引水量。又在玉皇山南侧和赤山埠新建两座容量分别为30万立方米和10万立方米的引水预处理场所，通过加药、混合、絮凝、沉淀等工艺方

法处理后，保证每天有40万立方米的钱塘江水源源不断地流入西湖，提高了水质和水的透明度。其中每天有30万立方米从玉皇山预处理场经太子湾公园注入西湖，10万立方米从赤山埠预处理场经杨公堤引入湖西恢复水域，这就使西湖引水有效地摆脱了钱塘江水质变化的影响，2003年西湖引水量达6000万立方米，2004年开始，预计每年引水1.2亿立方米，使西湖水实现了一月一换。同时，开辟了柳浪闻莺、涌金池、大华饭店、一公园、五公园五个新的出水口，使湖水能均匀顺畅排出。据2006年的环保检查资料，西湖外湖的湖水，平均透明度达到66.04厘米，比2005年增加1.51厘米；里西湖透明度更达到了110.45厘米。主管部门说，这都是西湖引水工程的功劳。

四、西湖泄水

前文中已经说到，西湖是一个相对比较封闭、水体也比较浅的湖泊，湖中的水基本上处于静止状态，流速极其缓慢。如果没有钱塘江引水工程，湖水的自然交替为一年一次左右，属于更新非常慢的人工湖泊。因此曾经有人甚至认为西湖是一潭死水，供水主要靠雨水和山间溪流，排水基本靠空气蒸发。

改善西湖的水质，最根本的是要控制湖泊富营养化，要使进入西湖的水所含养分总量加上西湖底泥不断释放出来的养分都能通畅地排出去，使输出和输入平衡。自从进行引水工程以后，西湖的补充水量大大增加，但湖水的流泻却跟不上进水的节奏，因此西湖泄水问题，也被提到了议事日程上来。

事实上，古人也早就认识到了西湖的这一天然缺陷。在古时候，西湖适量泄水，不仅是旱时灌溉、雨季排涝的需要，而且也关系到西湖水质的保护，因此水闸的建造、使用、保护和改进，早就受到人们的重视。

西湖泄水利用，自唐代开始就为地方当局重视。南宋《淳祐临安志》卷一〇载："先是，郡城以斥卤苦于无水，唐李邺侯泌，引湖水入城中，为六井，以便民汲。白文公居易《湖石记》，又载其溉田之利。"而在白居易治湖时，又有"北闸南笕"之说，在钱塘门外辟建石函桥闸，"湖

涨，则开此泄于下湖”，以保持湖水的蓄泄流通。五代吴越国王钱镠在建都杭州筑罗城时，还特意在西湖南、北泄水口设涌金、钱塘两座水门，为城市防御和水上交通关隘。泄水通过市区河道，成为民用和灌溉的水源。这一状况自五代历经宋、元、明、清历代。而据《十国春秋》的记载，其后的钱元瓘也曾命金华将军曹杲“即城隅浚三池，引湖水入城，以通舟楫”。再如清嘉庆九年(1804)，浙江巡抚阮元在浚治西湖之前，首先配套实施了杭州市区河道的重新疏浚，其用意同样在于盘活西湖与杭州城整个市河系统的活水潆洄。

民国元年(1912)，杭州市政府在拆除沿西湖城墙时，将两座水城门改建为涌金闸、圣塘闸，泄水通过市区河道以排涝、抗旱。1950年后，人民政府又将涌金、圣塘两闸木制闸门改为铁板门，圣塘闸泄水口改建成混凝土暗渠，以扩大泄水流量。

1955年杭州大旱，钱塘江盐潮上溯，自来水厂水源发生盐涩味，不能饮用，当时从西湖放水抗旱救急，自涌金闸放水流入浣纱河，经城河至自来水厂贴沙河蓄水库，作为补充水源。1973年，浣纱河改建为城市防空通道和排水暗渠，在开元桥至中河埋设输水暗管，利用西湖水冲洗中河、东河。北路泄水自圣塘闸流入桃花河、古新河、沿山河，直至大运河。每逢抗旱时，可自流灌溉运河以西大片农田；排涝时，泄水由大运河直至太湖。1984年，圣塘闸再由人力启动改为电力启闭，闸门上新建圣塘闸亭。南路泄水自涌金闸流至浣纱河、贴沙河、上塘河，抗旱时，可灌溉上塘河水系农田，排涝时，由上塘河经临平至海宁，排入杭州湾；也可从上塘河德胜坝、善贤坝翻水至大运河。

自钱塘江引水工程、西湖引来钱塘江水后，原先的圣塘闸由于规模太小，无力承担起每天30万立方米水的排放重任。湖水大“引”而小“泄”，仍然难以成为活水，只有改造原闸，升级其功能，才能保持进水量与出水量的平衡。

1987年1月10日，为改善西湖水质而实施的又一项重大举措——圣塘闸改建工程开始动工。圣塘闸位于西湖水域东北隅的湖滨路与白沙路交界处，历来是泄排西湖水的主要水口。它与位于小南湖的西湖引水进水口，形成西南—东北的方位对应关系。圣塘闸泄水口

经改造后，全部采用电气化控制，闸身上部的中心控制室有效监控着西湖的水位、水温、流量和流速，泄水量明显增大，泄出的湖水经由地下管道流入古新河。此后，与小南湖进水口—圣塘闸泄水口处在同一走向地带的西湖水体的流动性相应提高了。

与圣塘闸改造后的效果形成鲜明对比的是，外湖东南区水域和西里湖、北里湖等区域，却成了相对的死水区，引钱塘江水改良西湖水质的效益大打折扣。

1994 年 3 月，针对西湖引入钱塘江水后，引入水源到达不了北里湖的实际情况，在这一水域实施了换水工程。这一工程主要是利用北里湖与其东侧的古新河 4 米左右的水位落差，封闭断桥、锦带桥桥孔，将北里湖东北端的湖水通过地下管道直接排入古新河，而引入的钱塘江水则由西泠桥孔流入北里湖。北里湖换水工程共埋设钢筋水泥管 248 米，建窨井 13 座、放水闸 1 座，铺设水下管道 60 米，封闭 3 座桥的桥孔水道，并安装闸门。工程竣工后运作半年时检测发现，北里湖水质的透明度、总氮和总磷含量等指标都比换水工程实施前有明显改善。

历史上，西湖原来有的 5 个出水闸口，分别是圣塘、涧水、石函、溜水、流福沟五闸。其中前三闸在钱塘门外、旧昭庆寺西；溜水闸在涌金门北；流福沟闸在清波门学士港。但由于种种原因，只剩下唯一的圣塘闸还在使用，使湖水的流动性受到很大限制。为解决这一问题，水利部门决定恢复开启涌金闸。

1997 年 8 月 7 日，位于西湖老年公园的涌金闸开启，西湖水以 0.5 立方米/秒的流量穿过地下管道，与原浣纱河开元闸和定安路荐桥闸沟通，流入中河。在此之前，中河由于河水水源的断绝，整条河道已经沉寂多年。涌金闸每天约 4 万立方米湖水的涌入，使中河恢复了生机。同时，大量湖水的流动、输出，使西湖东南区块水域的湖水也流动起来。

1999 年，杭州市政府又投入 1400 万元，进行西里湖——浙大护校河沟通工程的建造。工程在曲院风荷公园内建泵站，将西里湖湖水以 1 立方米/秒的流量通过地下管道用明渠经过金沙涧、植物园竹类区引入浙大护校河，然后流经沿山河注入西溪，一直流入余杭塘河。

从 2000 年开始，西湖综合保护工程全线启动。2002 年西湖南线

新景观落成。2003 年新湖滨面貌焕然一新，湖西杨公堤两侧开挖水域 70 公顷，使西湖平均水深达到 2 米左右，整个西湖面积增加到 6.38 平方公里。

为进一步提高水质和增加水量，就要让西湖水更换得更加充分。因此在西湖引水的同时，有关部门对西湖水流的均匀分布经过细致考虑，又于 2003 年增加了西湖配水工程。在长桥溪上游打一竖井和隧洞，将西湖引水渠道中的水引入长桥溪，以改善长桥溪和西湖长桥水域的水质。另外，在西湖圣塘闸、岳湖等几处出水口的基础上，又在湖滨一公园、五公园以及涌金广场等处新增 5 个出水口，让西湖水质改变得更彻底。如今，西湖共有 9 出水口，除圣塘闸外，还有涌金闸、岳湖闸、北里湖、柳浪闻莺、大华饭店、涌金池、湖滨一公园、华侨饭店等出水口。西湖水由这 9 个出水口奔涌而出，再进入浙大护校河、沿山河、西溪河、运河、中河、古新河、清水河、余杭塘河等城中河道，有效地改善了杭州城市的水环境。

五、湖面保洁

西湖水体和底泥的污染，除了径流、引水、生活生产污水等带来的污染外，还包括湖面降尘和垃圾等悬浮物带来的影响，以及湖上船舶引起的污染。因此，在进行底泥疏浚、环湖截流等工作的同时，西湖水域管理处还定人定时打捞湖面污物，保持湖面洁净。

自然界的季节变化和大量的游客，给西湖湖面带来很多落叶、树枝、垃圾，等等，因此西湖水域管理处每天派船打捞漂浮湖面的树枝树叶、瓜皮果壳、废纸、塑料等污物，并对西湖船舶进行了有效的管理。

在 1978 年时，湖面上有 2 条手划小船，每天上下午打捞湖面垃圾。1981 年，手划小船改用电瓶机动清卫船，尼龙筛绢过滤。1986 年后，由于游览西湖的人数激增，湖面污物大量增加，因此又配备电瓶船 3 条，小划船 3 条，清卫人员 13～15 人，平均每天从湖面打捞污物三百六十

多公斤。据统计，1986—1992 年共从湖面打捞各种污物达 585572 公斤。[①]

在打捞污物的同时，还加强对西湖游船管理，控制船只数量，将西湖柴油船改造为电瓶船，后来又改造为以内燃机为动力的游览船，切断了造成湖面油污染的源头。

早在隋唐时，西湖已有游船专供游人游览西湖。到民国时期，据民国 21 年(1932)《杭州市经济调查》载："西湖共有大小船只 622 只，游舫 593 只，分泊湖滨公园、公共运动场及沿湖各埠，专供游客乘坐。内计画舫 36 艘，划子 557 只。各种船夫总数约千余人。"游船的数量是相当多的。新中国成立以后，在 50 年代先后组成杭州西湖游船服务处、杭州西湖游船处、西湖区游船高级生产合作社。

新中国成立以后西湖船舶的发展，其演变过程大致可分三个时期。在 1958 年之前，是属于手摇木船时期。当时有 4 艘木质船体的画舫供接待游客，每艘可乘三十多人，配 7 名船工摇橹操作；另有 450 条木质手划船，每船可乘游客 6 人。到了 20 世纪 60～70 年代开始，手摇木船逐渐发展到了钢质汽油或柴油机动船，多以燃油为动力，油污对湖水造成的污染时有发生。从 20 世纪 80 年代起，直流电机为动力的玻璃钢或钢质游艇就逐渐取代了原先的汽油机动船。全盛时经营性汽油艇有 8 艘之多，另还有 6 艘工作用汽油艇，带来了噪音及油污染等环保和安全方面的问题。

在 20 世纪 80 年代以前，西湖大小游船最多时达到 800 艘以上，绝大多数集中在外湖的局部水域活动，船只密度过大，加之流动频繁，特别是大型游船、游艇涡轮的搅动，直接对西湖水质造成了不良影响。[②]

西湖水体较浅，淤泥层比较厚，肥力高，表层淤泥十分疏松，比重轻、粒径细，沉降速度很慢。在表层浮泥中，粒径在 0.01 毫米以下的占 43.76％，这些微粒在静止情况下，全部沉淀需要 31 小时。如果有波浪

① 杭州市园林文物局编，施奠东主编：《西湖志》卷一《西湖·整治疏浚》，上海古籍出版社 1995 年版。

② 张建庭主编：《碧波盈盈——杭州西湖水域的综合保护与整治》，杭州出版社 2003 年版，第 133 页。

和船舶影响，就很难全部沉淀到水底，因此成为水体悬浮物的重要成分，也是影响水质透明度、水色的又一重要原因。

由于大型游船、游艇等行驶时靠螺旋桨、涡轮推动，船尾吃水过深，螺旋桨推出的水柱会把底泥搅起，搅起的底泥除影响水质的透明度外，还使得底泥中的有机物释放，水体中氮、磷含量大大增加，促使藻类大量繁殖，污染水质，因此频繁的游船活动对水体的富营养化有极大促进作用。对于一些电瓶船，铅蓄电池在使用及维护时，废电解液回收率很低，大量废电解液直接倒人或流入西湖内。另外铅蓄电池充电完毕阶段，电解液温度接近 45℃，电池内电解液液面产生强烈的气泡，所蒸发出来的气体也污染了西湖大气环境。①

为此，必须调控湖面的游船品种、数量和活动频率，使其总量保持在一定的限额之内，并处于适当的活动状态。在尽量满足游客需要的同时，也力图尽量减少船舶过多、过频的活动对西湖水质可能产生的负面影响。

1985 年开始，西湖水面开始全面治理湖面的船只。首先对西湖上所有的船只进行登记后造册，分门别类，颁发许可证和行驶证，并实行一年一度的年检年审。其次是划定各单位和各类型船只的停靠码头、停泊位置和航行区域，使之有序规范。再次是全面整修西湖水域的大小码头，加固、增设船只泊位和设施，强化码头的使用功能和安全性。最后是对船只驾驶人员的培训、考核，提高从业人员的环境保护意识。②

20 世纪 80 年代以后，西湖游船的总数已控制在 400 艘以内，游船在湖面的活动也扩大到所有水面，使局部湖面的船只密度降低。通过这一系列的措施，使西湖船舶对湖水的影响减少到最小量。

沿湖单位，特别是餐饮服务业的烟尘降落，也会对湖水产生不利的影响。为改造沿湖有关单位的炉灶，消除烟尘散落湖中，从 1984 年底开始，杭州市政府对地处西湖周围的 186 个单位的 650 台锅炉进行了

① 许猛：《西湖船舶与环境保护》，《浙江交通科技》2000 年第二期。

② 张建庭主编：《碧波盈盈——杭州西湖水域的综合保护与整治》，杭州出版社 2003 年版，第 134 页。

全面治理锅炉,在环湖建成全省第一个无黑烟区。同时,西湖周边地带的生活燃料也率先改用石油液化气,禁用煤或柴草做燃料。为了改善城市大气环境质量,改善西湖风景区的景观,从1981—1985年,杭州市区搬迁、并转或关停76个污染严重的工厂,撤销电镀、铸造、镀造、热处理工厂、点186个。杭州有50%的锅炉采取了消烟除尘措施,有8.8%的工业炉窑有消烟除尘技术装置,有效地减少了城市烟尘污染,从而明显减少了烟尘降落湖面对湖水的污染。

六、湖岸护塝

在疏浚湖泥的同时,杭州市园林文物局对西湖实施了整治工程,进行了西湖沿岸的驳塝。1949年前,西湖湖岸,有一部分是清朝前期康熙、乾隆二帝南巡时,当地官员为迎接皇帝临幸而修的湖塝,主要位于湖东岸段,还有孤山四周的一些岸段,如中山公园(当时的孤山行宫)前的湖塝。也有后来重修的,如1928年西湖博览会筹备阶段(1926年至1929年5月),就曾对会展场馆比较集中的北里湖为主的湖岸进行整修。此外的西湖旧湖塝,还有不少是由私人修建并维护的。因为当时沿湖建造的私家别墅达数十处之多,这些地方的湖岸驳塝与维护往往由业主自理。由于上述历史、社会原因,造成西湖湖岸驳塝的规格、式样、用材、基础处理手法等呈现五花八门优劣互见的无序格局。

在1928年西湖博览会筹备期间,环湖凡有会展场馆的地段多数作了修筑。比较完整的湖塝地段,有湖滨公园至断桥,断桥沿北山街至西泠桥,西泠桥至苏堤,苏堤跨虹桥西侧至岳坟埠头西侧。南山路今大华饭店至涌金闸,今西湖水域管理处至聚景园南侧、夏家花园旁,花港观鱼沿小南湖长廊东至定香桥方鱼池,刘庄临湖屋舍,卧龙桥至汾阳别墅、玉带桥旁。西泠桥沿孤山路至平湖秋月,平湖秋月沿后孤山至空谷传声,西泠印社后门前至西泠桥边,白堤两侧。还有一些地段的护塝并不连续,间断筑有湖塝,比如从涌金闸至今天的西湖水域管理处,夏家花园南侧至长桥,汪庄屋舍至原白云庵埠头西侧。而苏堤南侧临湖面一带,从今天的苏东坡纪念馆至南岭亭一线,则只是略有断续的湖塝。

1945年8月至1946年7月,民国杭州市政府又先后修筑白堤断桥至锦带桥间两岸湖塝,洪春桥至龙井等处石塝,湖滨公园埠头湖塝。

到1949年,西湖湖岸旧有护塝残缺不全,统计各处的湖塝,总计长度约9025米,湖塝的规格、形式、高低、施工手法、基础处理、取材优劣都不相同,总体质量较差,破损严重。而其余更长的湖岸线(包括堤岸),则未作人工驳塝而处于自然或者破败状态。

1953~1965年,西湖疏浚工程处在疏浚西湖的同时,多次对湖塝作了局部修筑。1953年在孤山西泠桥南堍左至中山纪念亭,修建了打桩驳自然式塝;苏堤两侧,修建了条柴沉褥自然式驳塝;花港观鱼定香桥至小陈庄,花港观鱼长廊花架一段,为打桩块石整齐式塝。1954年,在三潭印月、湖心亭一带,又采用篾笼抛石方法修建了自然式塝;钱王祠至夏家花园,采用块石驳塝。1957年学士桥口至长桥,为块石驳塝。1965年,白堤进行了局部整修。由于西湖湖底泥炭土层较厚,耐力差,压缩性大,加上湖底疏浚后水浪增大,堤岸的护土塝易遭冲刷,整修时投放的抛石不断沉陷或向外滑移,因此修筑的湖塝又先后坍塌,多处地方又复成为自然湖滩。

1976年,国家将治理西湖工程列入计划,除继续疏浚西湖外,又将全面整修湖塝列为重要工程,在国家环境保护专项中投资144万元,进行了一次工程规模最大的湖塝修复工作,一直持续至1980年完工,历时5年,完成了环湖整齐式石塝,在三堤、三岛新建了自然式石塝,使西湖与人更为贴近。

驳塝工程于1976年10月开始,1978年3月基本完成,其余零星岸段于1980年3月全部完工。计完成环西湖一周,包括孤山、外湖三岛、苏堤、白堤、赵公堤复线、曲院风荷扩建部分、花港观鱼防护沟石塝,总长度达29800米。根据不同湖岸岸段在功能上、观瞻上和个性上的差异,对某些湖岸实施自然式驳塝,共新建自然式石塝16065米;新建条石整齐式石塝2245米,其中桩基础规则的整齐式塝40米,无桩规则的整齐式塝2205米;拆除重建,仅利用部分石料作翻建处理的条石整齐式石塝7430米;整修条石整齐式石塝4060米,其中保留基础部分和部分塝墙墙体作拆修处理的整齐式塝2420米,利用原有湖塝稍加整理

的1640米。成为西湖有史以来规模最大的一次驳塝工程。

所谓整齐式驳塝,是指采用条石叠筑,外观整齐规矩的湖塝;自然式驳塝,是指以堆叠假山的手法处理的塝身。由于环湖各处自然状况有别,在施工中,根据不同地段分别采用不同的处理方法,质量上稳固耐久,外形上美观而无损湖景。为便于游人在湖边活动,改善环湖走道与游人坐歇的条件,在沿湖滨、白堤、北山街等处人车较多又紧靠市区的湖塝,采用整齐式;而苏堤、西里湖等处游人较少、较安静地段的湖塝,则采用自然式。为使游人视野开阔、并易与湖水产生亲切感,1980年设计的湖塝最低塝顶高度是:整齐式塝的最低塝顶高度为7.55米,高出西湖常年水位0.4米;自然式塝最低塝顶高度为7.45米,高出西湖常年水位0.3米,基本上统一了湖岸塝位的高低。

西湖全岸线驳塝整修工程,实行统一设计和施工,对基础的处理十分重视,力求使湖塝稳固耐久。建筑技术上,采用桩脚和深埋块石、水泥灌缝、连成整体的不同处理方法。外观造型上,力求美观,便于游人的活动。施工中,十分注重湖岸线的弯曲度和局部岸段的拓宽。结合驳塝,还整修或新建湖滨公园、中山公园、岳坟、苏堤两侧、柳浪闻莺、花港观鱼、玉带桥畔、西里湖郭庄附近、湖心亭东面和南面、三潭印月西面和南面等供游船停靠的大小埠头十余处。另外,还恢复或重新刻制并建亭树立了清康熙帝题书、乾隆帝续题诗作的"西湖十景"碑中除南屏晚钟、雷峰夕照以外的八块景名御碑。

2003年,湖西综合保护工程恢复的几处大的水面,基于营造人工湿地和突出山水野趣的考虑,有相当长的湖岸段采取了自然延伸入水而未作人工驳塝的处理方法。

七、环湖绿化和湖西综合保护

西湖水域和周围群山以及杭州市区同处与一个大的生态系统内,因此,整治西湖,解决湖水的富营养化问题,不仅仅局限于湖泊本身的治理,还应搞好西湖环湖和上游的绿化,保护水土,减少裸露土面,防止雨水冲蚀,防止山区的水土流失,以降低由雨水带入湖中的氮、磷含量,

减少营养物质的排放。

环湖绿化也是西湖良性开发中的一大亮点。在新中国成立初期的20世纪50年代初,西湖沿湖地带除湖滨公园等极少数公园名胜点可供游览外,大部分都为农田、洼地、坟地、民居和豪门富户的庄园别墅所占。从上世纪80年代开始,为改变这一状况,杭州市规划并实施了环湖绿带工程。从1982年开始,经过二十多年的不懈努力,实施了大规模环湖动迁工程,把西湖风景区内的工厂、部分单位和居民迁出风景区,还景于民、还绿于民、还湖于民。到20世纪80年代中期,打通了六公园至圣塘闸和一公园至大华饭店的沿湖绿地,使得长期拒游人于外的滨湖地区,如湖滨一公园和六公园北部、望湖楼镜湖厅、曲院风荷、郭庄、长桥等地,都开发成令游人流连忘返的公园。本世纪初,又开始实施环湖南线景区整合工程,整合了西湖南线的公园,将南山路一带的湖滨一公园、老年公园、柳浪闻莺、长桥公园等四大公园全面打通,并与正在重建的雷峰塔、钱王祠等景点连成一片,形成环湖景观带,使之面貌一新,形成了西湖南线新景区。

西湖周围特别是湖西地区局部环境杂乱、人口膨胀、建筑布局零散、基础设施落后等问题逐渐显露,严重影响了西湖的保护。因此在环湖绿化的基础上,从本世纪初开始,又启动了西湖湖西综合保护工程。这个工程是近千年来西湖保护和发展史上最浩大的工程:恢复杨公堤和堤上的六桥;恢复杨公堤以西的湖面约1000亩左右;将三台山路和龙井路以东五百多民居和农居以及上百个单位迁出景区;在5平方公里的范围内,按照原有的自然风貌和历史遗存形成山水相依、自然纯朴的五十多个景点;各种配套的基础设施按照环境保护和景观的要求同时建成。

西湖湖西综合保护工程是以维护和恢复西湖的历史真实性和完整性,改善西湖生态环境,完善西湖风景格局,保护和发掘西湖历史文化资源为目的,保护好西湖的文化遗存和人文景观。一期工程自2000年12月1日实施,于2003年9月30日顺利竣工。基本恢复了这一带历史上曾经有过的大片水面,还其原有的“水随山转,山因水活”的风貌和格局。在金沙港、茅家埠、三台山和赤山埠开挖出总面积近70公顷(约

1000亩)的水面,相当于西湖现有水面的11%左右。同时,结合明代杨公堤(西山路)的复建,将金沙港水系与曲院风荷水系沟通,乌龟潭水面与丁家山以南的鱼乐园水面相连,浴鹄湾水面与花港观鱼水面互接,再现清代以前湖西山林与水泽相衔、相映、相融的景观风貌。

经过改造重建,杨公堤景区新建了金沙港、茅家埠、乌龟潭、浴鹄湾四个景区,恢复了风荷御酒坊、赵公堤、上香古道、赵之谦纪念亭等23个历史文化景观,复建了环璧、流金、卧龙、隐秀、景行、浚源六桥,恢复水面共计70公顷,改善和复原了西湖周边的生态湿地。新增绿地八十多万平方米,种植水生植物一百多万株,基本恢复了三百年前的西湖全貌。西山路也重新恢复为杨公堤,形成了"东热南旺西幽北雅中靓"的西湖新格局,整个景区风景优美,空气清新,禽鸟栖息,充满野趣。西湖水延伸到了西湖边几公里的山脚下,经历了重建和修整的23处人文景点散发着浓厚的文化气息。三百年前西湖山水相依、山水环抱的独特景致已成为现实。

湖西水面恢复后,连同它们周边的地带,一起形成了大面积的湿地。在湿地的各个水湾处,种植水生、湿生植物七十多个品种、九万余株,地被植物约二万平方米;湖边、溪流岸边,以及部分绿地也被改造成人工湿地和多功能绿地,整个湖西呈现出风景优美、空气新鲜、禽鸟栖息、充满野趣的生态环境。同时使生长在不同水深度的水生植物形成一系列不同梯度的丰富的植物类群落,对西湖上游几大水源流入西湖的来水起到了过滤杂质、吸收富营养物的作用,从而发挥净化西湖水质的良好功能。这些效果的实现,使湖西地区和整个西湖风景名胜区的风貌格局,都朝着历史上完整的、真实的西湖最佳风貌靠近和回归。因此湖西综合保护工程不仅仅局限于景观空间的塑造,而是一项传承西湖发展历史、保持整个西湖地区生态系统良性循环、保持生物多样性、实现社会环境和地域资源全面整治和整合的综合性工程。

湖西综合保护工程是优化生态环境,改善西湖水质所需。西湖作为一个独立封闭的小型水系,其与周围群山的关系非常密切。西湖在历史上曾经源泉百道,有着丰沛优质的水源补给,并维持着良好的生态平衡。时至今日,由于流域内人口的膨胀以及人们生活生产方式的改

变,湖西群山中的水体被人们当作了生活生产水源,超量采用,变成污水后又排入溪中。长此以往,西湖所担负的生态负荷日益增加,并超出了其生态消化能力,湖体的生态关系已经达到了失衡的边缘。

通过西湖湖西综合保护工程,在大范围上对流域范围内居民的生产、生活方式进行合理引导与改变,并实现全流域的截污纳管和管网配水,减少人类活动对环境的污染,在小范围即湖西地区则疏解该地密度过高的建筑和人口,进行合理的生态配置和建设,重塑湿地生态系统,使西湖的入湖水体在此进行一次过滤,达到优化生态环境、改善西湖水质的作用。而湖西地区也将因此而成为锦鳞可数、水草丰盈,环湖地区最有特色的江南湿地生态动植物物种群落基地,并由此形成特色景观资源。

八、维护西湖水体生态平衡

关于生态的问题,一种是以人为中心的观点;另一种观点则认为人的地位不是那么高,追求和一切事物的和谐相处,并通过理解而尊重它们,谋求自己的创造作用。在对待西湖这个问题,同样是这个道理。以往历朝历代,自从认识了西湖对人类社会的作用,就开始了对西湖的治理疏浚工作,但基本是站在一种理解而尊重的立场上,本着和睦共处的原则,发挥人类的创造作用,进行对西湖的疏浚工程。然而从元代开始,开了豪富占湖面为私产自用的先河,那种以人为中心的立场就凸显出来,而且附和声日渐高涨。

从唐代白居易筑堤、开发西湖的风景资源开始,对于西湖的开发、利用和治理,历代的人们一直朝着生态和谐的一面在努力。随着时代的发展、社会的进步、水利事业的发达,人们渐渐摆脱对西湖的依赖,西湖也渐渐变成一种社会发展象征的风景资源被保护下来。但是今天对西湖的保护,从整体上来看,固然是一种回归生态的有效手段,但深入其细节,这中间有很多具体措施还需要进一步的调整。

湖泊水体,是一个复杂的生态系统,这一系统包括湖中的水体、动植物、微生物,甚至包括湖底淤泥以及湖岸的边缘地带。在此范围内生

长着的不仅有高等和低等水生植物，还有鱼、虾、蚌、螺等种类丰富的水生动物。它们相互之间，以及它们与湖底、湖岸边缘环境之间，存在着复杂的生态学关系，只有正确处理好其间的关系、种类和数量（有相当一部分是食物链关系），使它们占有各得其所的生态位置，正常行使生态功能，才能逐渐使湖水澄清。从更高的层面看，只有在西湖水域整个生态系统处于良性循环的状态下，才能保证做到自身的可持续发展。

按照当代植物学和生态学的理论，根据西湖曾经大量生长水生维管植物的特征，西湖可以认为是一个“草（质）湖”。然而，在 20 世纪 50 年代初期，以挽救濒临沼泽化的西湖为目的，进行了新中国成立后第一次大规模疏浚，水生维管植物大面积灭绝，水生生态系统遭到损害，西湖逐渐由草型湖转变为“藻型湖”，浮游生物控制了整个水生生态系统。又经过几十年各种负面因素的影响，原先水草丛生、清澈见底的西湖，成了富营养化湖泊。在人工控制条件下的西湖难以有效地发挥沉淀过滤、净化污染物、维护生物多样性等生态功能。湖水常年混浊，透明度难以提高，水体感观较差，富营养化问题一直未得到有效解决。这是一个严重影响西湖的声誉、品位和景观功能的生态问题。因此，参照环境保护相关原理，许多学者都提出了用生态方法解决西湖富营养化的思路，调查、研究各种对周围水质具有净化作用的生物种类，协调湖泊中各营养生物种群间的生态关系，利用各种生态学手段，控制某些种群的数量，改善水生生态系统的结构和功能，调节水生生态系统的平衡。

西湖中的水生动植物养殖，历史上以菱茭、荷花与放养鱼类为主。

清代道光年间，杭州本地人，学者张云璈就提出了在湖中养鱼以治湖的方法。他认为鱼能食草，就不会让葑草在湖中蔓延开来。同时，湖中的鱼可以出售获利，其收入可以作为每年整治西湖的费用。他的提议后来被采纳，湖中特意投放鱼类，并禁止湖面养鸭以保证鱼类的生长。

民国时期，在曲院风荷、三潭印月、北里湖水面，都栽种有荷花。涌金门沿湖一带，有聚居之渔村，渔民以从事西湖捕鱼虾、摸螺蚌为生。

新中国成立以后，1950 年组织西湖渔民协会，建立西湖养鱼场，开始有计划养殖管理，并对西湖水生物养殖作深入研究。为提高西湖养

鱼的产量，还曾试行过分段养殖法，以小南湖、北里湖为精养湖，并在湖中施放牛粪、氨水等肥料，以及投放鱼饲料等。这些投放的肥料和饲料，对西湖的水质，产生了很大的影响，因此试验一年后即停止。

1983 年 10 月，杭州市水产学会、杭州园林学会联合召开学会合理养鱼与水质净化探讨会，认为在不施肥，不投放饲料前提下，可充分利用水体资源增殖水产。自 1984 年起，杭州市园林文物管理局规定西湖鲜鱼年产量不准超过 30 万公斤，以免影响西湖作为游览湖之风景质量；同时对放养鱼的种类也进行了区分。西湖的鱼类品种，据 1981 年的调查，共有 51 种，分属 10 目 16 科 43 属，比 1932 年时的记载增加了 19 种。鱼类来源有三：一是原先固有的野生杂鱼；二是钱塘江引水后带入的鱼类；三是人工引进驯化的养殖鱼种。养殖鱼种现在已经成为优势鱼种。西湖里还有一定量的乌龟和甲鱼，多是放生者投放的。如今的水体养鱼由西湖水域管理处专营，鱼类的放养品种以有利于水质净化为原则，主要鱼种为白鲢、花鲢、鲤、鲫、鳊等。其中鲤鱼喜掘泥混水，作为辅助鱼类投放，并严格控制数量；花鲢和白鲢爱吃藻类，对净化水质有利，作为主要鱼类投放，数量适当增加；而草鱼会危害莲荷的叶芽，禁止放养；青鱼喜食净化水质之螺蚌，不利于西湖水体的保护，也要严格控制。所有鱼类合计，年放养量约为 70 万尾。每年鲜鱼供应市场以后的收入，充作西湖水域管理部门各项运作所需的费用。

水生植物以繁殖荷花为主，种植面积最多时达到 27 公顷。1987 年、1988 年，因管理措施不落实，荷花嫩叶被草鱼咬吃，西湖仅剩 1 公顷面积的荷花，严重影响西湖夏季景观。1989 年，西湖水域管理处建立湖面绿化专业组，实行责任承包制，恢复荷花长势，增添品种。按照西湖景观规划，适当控制荷花繁殖覆盖面。为利用水生植物净化西湖水质，小南湖试种过水菱，岳湖进水口水面种过水葫芦，都因繁殖迅速，难以控制，易造成大片覆盖湖面，影响游览景观而中止试种。西湖莼菜，历史上有在三潭印月内湖种植的记载，1965 年曾在松鹤山庄等处水域种植，年产量五百多公斤，但后因管理难度大而停止种植。

水生植物可以去除湖水和湖泥中的氮、磷和有毒物质，还能减轻湖底淤泥的上翻。西湖底泥淤泥层很厚，而且特别松散，很容易受风浪、

水流、鱼类和船只的搅动而上翻，增加了水中的悬浮颗粒，降低了透明度。而水生植物的地下部分可使松散的淤泥得到一定程度的固定，加上沉水植物的枝叶的覆盖，大大地减弱了风浪、水流、鱼类和机动船对淤泥的翻动，有利于透明度的提高。

总之，为了维护西湖水体的生态平衡，不仅在于对湖中各类生物、微生物数量和种类的控制，还涉及西湖周围以及上游的生态环境，只有协调好其间的各种关系，才能促进西湖的良性发展。

九、立法执法

制订和落实防治西湖污染之政策法令，是维护西湖良性发展的关键。自中唐白居易以后，历代屡有官府发布禁约、禁令，对西湖水域实施保护管理的记载。但是，西湖水域真正具有全面、切实、有效的地方性保护法规，并建立依法实施常年保护管理的职能机构，是在20世纪80年代以来，随着西湖水域综合保护与整治的实践全面展开后才逐步完善和确立的。

1983年12月26日，浙江省人民代表大会常务委员会第四次会议通过《杭州西湖风景名胜区保护管理条例》，其中“第二章　西湖、名泉”写道：

……

第七条　西湖和龙井、玉泉、虎跑、九溪十八涧等泉、池、溪、涧的水体，必须保持清洁，防止污染。禁止向风景名胜区水域排放污水、污染物质和倾倒垃圾、粪便、废土等各种废弃物。不得在西湖内洗澡、游泳和洗涤污物。对于污染水质的机动船艇，要限期改造，逐步淘汰。

第八条　保护西湖、泉水、溪流的水源。不得在西湖风景名胜区内打深井。禁止在泉源打井取水。凡影响、堵截泉根的水井、地下工程和地面设施，必须封闭和停止设计、施工。

第九条　保护西湖风景名胜区水域内的鱼虾、飞禽、荷花等水

生动植物，禁止擅自捕钓和采摘。养殖水生动植物，要讲究科学管理，防止污染水质。

第十条 西湖风景名胜区及其外围保护地带内，各单位的污水、烟尘和有害气体排放量，均不得超过环保部门规定的排放标准，不得冒黑烟、浓烟。

第十一条 凡属西湖水域的涵洞、水闸、桥梁、堤岸、驳塍、码头、栏杆等设施，必须加以保护，任何单位和个人不得擅自拆动、操作和损坏。

第十二条 在西湖内行驶的各种船只和各种水上活动，必须服从杭州市园林、公安部门的统一管理。禁止无证船只行驶。

……

1998年4月24日，杭州市第九届人民代表大会常务委员会第十一次会议通过《杭州市西湖水域保护管理条例》，同年8月29日，浙江省第九届人民代表大会常务委员会第七次会议批准实施，西湖水域的综合保护和管理，从此有了第一部完整、科学的地方性法规。这一管理条例的大致内容如下：

……

第二章 水 体

第五条 西湖风景名胜区主管部门应当保持西湖水域清洁，防止污染，保证西湖水域水质不低于国家规定的标准。

西湖风景名胜区主管部门应当定期开展西湖水域水体监测工作。监测结果应当及时报送杭州市人民政府和西湖上游的当地人民政府。

杭州市人民政府应当将西湖水域综合整治规划纳入国民经济和社会发展计划。西湖水域综合整治规划由西湖风景名胜区主管部门编制。

第六条 西湖风景名胜区主管部门应当保证西湖引排水工程正常运作，切实发挥西湖引排水工程的调节功能，保持西湖常规水

位在黄海标高7.18±0.05米，及时补充水源、排除洪涝。

第七条 西湖风景名胜区主管部门应当定期疏浚西湖，保持西湖年清淤量和淤积量基本平衡。西湖平均水深度不得低于1.5米，并采取措施逐步增加水深度。

第八条 禁止向西湖水域任意排放污水。

西湖沿岸的所有单位和居民的生产、生活污水，必须限期纳入城市污水排放系统。

西湖上游农居点或单位集中的地方，应当限期铺设污水管道，接入城市污水排放系统。现有单位排放的污水暂时无法纳入城市污水排放系统的，必须限期采取污水治理措施，排放的污水应达到国家颁布的《污水综合排放标准》规定的一级标准。

在西湖水域及其周围新建、改建、扩建项目排放的污水，必须纳入城市污水排放系统，无法纳入城市污水排放系统的项目，不得新建、改建、扩建。

禁止使用渗井、渗坑等方式间接向西湖水域排放污水。

第九条 禁止在西湖水域及其周围截流取水、开凿集水井。具备城市供水条件的单位和个人应当立即封闭、停止使用原使用的深井、集水井。

第十条 禁止向西湖水域排放泥沙。禁止侵占、填埋西湖水面和上游溪流的河床。因西湖风景建设确需利用西湖水面的，必须报经市人民政府批准。

第十一条 在西湖水域及其周围应当设立必要的环卫设施。

禁止向西湖内吐痰、丢抛烟蒂、瓜皮、果壳、纸屑和其他废弃物。

禁止在西湖内洗澡、便溺、洗涤污物和擅自游泳。

禁止在西湖水域及沿岸清洗机动车辆或洗涤残留有毒有害物的容器。

禁止在西湖水域和岸坡任意倾倒或堆放垃圾、粪便、废土。

第十二条 禁止在西湖上游溪流两岸10米内设置厕所、粪缸、垃圾箱等污染水体的设施，现有设施应当限期迁移。

第三章 船 舶

第十三条 西湖风景名胜区主管部门应当严格控制西湖船舶的总量。

船舶更新不得改变原有使用性质，不得超过原载客量和主尺度。凡更新船舶，必须将设计图纸报经西湖水域管理机构审查批准。

第十四条 在西湖内行驶的游览船舶，外观必须与景观协调，船体长度不得超过25米，吃水深度不得超过0.7米。除治安、抢险、工程等工作用船外，任何机动船舶必须采用电力或太阳能等无污染的能源为动力源。船舶应当配备必要的收集垃圾、粪便等废弃物的容器。

第十五条 进入西湖的船舶，除依法向有关行政主管部门申领牌（证）照外，还必须经西湖水域管理机构审查批准，方可在西湖内行驶。未经批准行驶的，可予以拖离。

第四章 水生动植物

第二十四条 禁止在西湖内从事经营性养殖活动。

为保持西湖水体质量和生态平衡，可以适量放养对水体质量、水生植物无损害的水生动物，禁止投入饵料喂养。

第二十五条 西湖内种植的各种水生植物，应根据景观的要求合理布局，科学管理。

第二十六条 在西湖内除规定的垂钓区外，禁止垂钓鱼、虾等水生动物。禁止在西湖内擅自捕鱼、采摘水生植物、捕杀飞禽。

第五章 设施和其他

第二十七条 西湖内的码头、湖塍、堤坝、涵洞、闸门、引水工程等设施，由西湖水域管理机构负责维护管理，任何单位和个人不得擅自拆动或损坏。

第二十八条 在西湖内及沿湖塍5米内，或在上游水体两侧10米内进行工程施工，施工单位应当在施工前向西湖风景名胜区主管部门及上游当地人民政府报告并采取必要的防护措施，防止建筑废土、污水污染西湖及其上游水体。

建设工程竣工后，施工单位应当及时清除施工时所筑的临时设施，整理恢复好现场。

第二十九条 需在西湖内进行船艇、航模表演和组织有关活动及拍摄电影、电视的，除按规定向有关部门办理手续外，事前应当报经西湖风景名胜区主管部门和当地公安机关批准；大型水上活动应当报市人民政府批准。

……

立法的完善，使西湖水域的综合保护和管理，走上了依法行政的途径，为西湖的良性发展奠定了法律基础。时至今日，西湖申报世界文化遗产项目的工作正在如火如荼地进行中，期望以此为契机，使西湖得到更合理、完善的发展，给后人留下一个更美丽的西湖。

后　记

本书是浙江省社科联2008重点课题“西湖治理史及其生态学评价”成果的一部分,围绕着西湖治理这一中心,重点阐述了历次对西湖治理的具体经过,及其相关的政治、经济和文化背景,并对每次治理的效果和存在的问题作了简要的评述。

在本书搜集资料的过程中,正值杭州师范大学的解宇老师对西湖淤泥中的微生物群进行分析研究。根据史料的记载,在元代和明初,由于长期对西湖放任不治,使西湖的范围大为缩小,湖底朝天,葑草丛生,尤其是里湖,甚至一度变成了平地,为豪民和垦荒者所侵占。基于这一记载,解宇老师特意从外湖和里湖分别取样进行分析,最终只从外湖的淤泥中分离出某些特定的古菌种。如此看来,西湖演变、治理的历史,在改造着西湖自身的同时,也影响着西湖生物物种的变化。可见在特定地理条件下人文历史情况的变化,与特定环境中生物种群的变迁,似乎存在着天然的关联,而这是以往的史学研究者所较少关注的。

杭州是我的故乡,西湖是我和家人亲友日常休闲娱乐的场所。生活在杭州,生活在西湖的周边是我们的幸福;而像先人一样关心、爱护西湖,努力维护西湖的生态平衡,使之变得更加美好,也是我们的责任。

在本书在撰写过程中,得到了诸多师友的帮助,特别是杭州西湖博物馆和杭州市西湖水域管理处提供了资料查找的便利,在此表示诚挚的谢意。

郑　瑾

2010年10月1日